Hans Rainer Vogel/Daniel Detambel
JobSearch
Werden Sie Ihr eigener Headhunter

Hans Rainer Vogel / Daniel Detambel

JobSearch
Werden Sie Ihr eigener Headhunter

Mit den Methoden der Headhunter zum neuen Job

Bibliografische Information der Deutschen Nationalbibliothek

Die Deutsche Nationalbibliothek verzeichnet diese Publikation
in der Deutschen Nationalbibliografie; detaillierte bibliografische Daten
sind im Internet über http://dnb.d-nb.de abrufbar.

ISBN 978-3-89749-791-7

Lektorat: Sabine Rock, Frankfurt am Main
Umschlaggestaltung: Martin Zech Design, Bremen | www.martinzech.de
Umschlagillustration: Neubau Welt
Satz und Layout: Das Herstellungsbüro, Hamburg | www.buch-herstellungsbuero.de
Druck und Bindung: Aalexx Druck, Großburgwedel

© 2008 GABAL Verlag GmbH, Offenbach

www.gabal-verlag.de
Abonnieren Sie unseren Newsletter unter:
newsletter@gabal-verlag.de

Inhalt

Teil III Umsetzung

Vorwort

Schätzungsweise ein Drittel aller Führungspositionen wird über den offenen Stellenmarkt besetzt – also mithilfe von Stellenausschreibungen in Printmedien oder elektronischen Medien. Der weitaus größere Teil, zwei Drittel der Besetzungen, kommt »irgendwie anders« zustande. Das Sammelsurium aus unterschiedlichsten Methoden und Verfahren, deren man sich bedient, wird »verdeckter Stellenmarkt« genannt.

Im offenen Stellenmarkt müssen Sie nicht so genau wissen, wie gesucht wird oder wonach Sie selbst suchen, um fündig zu werden. Sie schauen sich einfach einmal um. Der verdeckte Stellenmarkt funktioniert anders: Man sucht nicht, man lässt sich finden. Wie das geht? Man wartet, bis der Headhunter zweimal klingelt – und das möglicherweise zweimal die Woche. So ergeht es jedenfalls der prominenten, gefragten Führungskraft.

Der ganz normale Manager und erst recht der Nicht-Manager haben hingegen ein Problem: Der verdeckte Stellenmarkt reagiert überhaupt nicht, jedenfalls nicht dann, wenn es wünschenswert wäre. Man fühlt sich an das erinnert, wovon Max Raabe im gleichnamigen Schlager singt: »Kein Schwein ruft an – keine Sau interessiert sich für mich«. Wenn es Ihnen so geht, müssen Sie aktiv werden und den Bedarf für die eigene Arbeitsleistung selbst identifizieren.

Wie man das macht und wer Ihnen dabei helfen kann, möchten wir Ihnen in diesem Buch zeigen. Wir tun das auf der Grundlage unserer Erfahrungen aus mehr als 20 Jahren in den Bereichen Headhunting beziehungsweise Executive Search, Personalberatung und Outplacement.

Wir wünschen Ihnen bei Ihrer Stellensuche viel Erfolg und freuen uns über Ihre Rückmeldungen. Sollten Sie Fragen zu diesem Buch haben, dann schreiben Sie uns. Am besten per E-Mail an: jobsearch@vogel-detambel.de

Im Februar 2008
Dipl.-Kfm. Hans Rainer Vogel   *Dr. Daniel Detambel*

TEIL I
Strategische Überlegungen

1. Einleitung

Dies ist kein weiteres Bewerbungsbuch. Zum Thema Bewerbung gibt es vermutlich bereits mehr als 300 lieferbare Buchtitel – vielleicht auch doppelt so viele. Dies ist vielmehr ein Buch für alle, die den verdeckten Stellenmarkt knacken wollen.

Als verdeckten Stellenmarkt bezeichnet man jenen Teil der Positionen, die »unter der Hand«, also nicht durch ein allgemein zugängliches Ausschreibungsverfahren besetzt werden. Bei den absoluten Topführungspositionen, sprich bei den Vorstandsjobs der 30 DAX-Unternehmen, dürfte der Anteil der verdeckt gehandelten Positionen am Gesamtmarkt bei 100 Prozent liegen. Wir haben jedenfalls noch keine ähnlich lautende Anzeige gesehen:

Der größte Stellenmarkt

> *»Wir sind die Nr. XY im DAX und suchen einen neuen Vorstandsvorsitzenden. Bitte bewerben Sie sich mit tabellarischem Lebenslauf, vollständigen Zeugnissen, Lichtbild und Angabe Ihres Einkommenswunsches unter Kenn-Nr. 234e Ö oder nehmen Sie vertraulichen Erstkontakt zu unserer Personalreferentin Susi Meyer auf, die Ihnen gerne Ihre persönlichen Vorabfragen beantwortet.«*

Dass per Anzeige nach dem Weihnachtsmann (verkleidet als Toplogistiker) gesucht wird, das gab es schon einmal. Allerdings war dies nur der Gag einer Personalberatungsgesellschaft, mit dem das Unternehmen seinen Kunden und Kandidaten beste Weihnachtswünsche übermitteln wollte – Weihnachtsmannsuche statt Weihnachtskarten sozusagen.

Nichts für Führungskräfte

Selbst wenn Sie kein DAX-Vorstand, sondern »nur« Geschäftsführer, Prokurist, Handlungsbevollmächtigter, Abteilungsleiter, Gruppenleiter oder Teamleiter sind, liegt der verdeckte Teil des für Sie interessanten Marktsegments sicherlich deutlich dichter an 100 Prozent als an null Prozent.

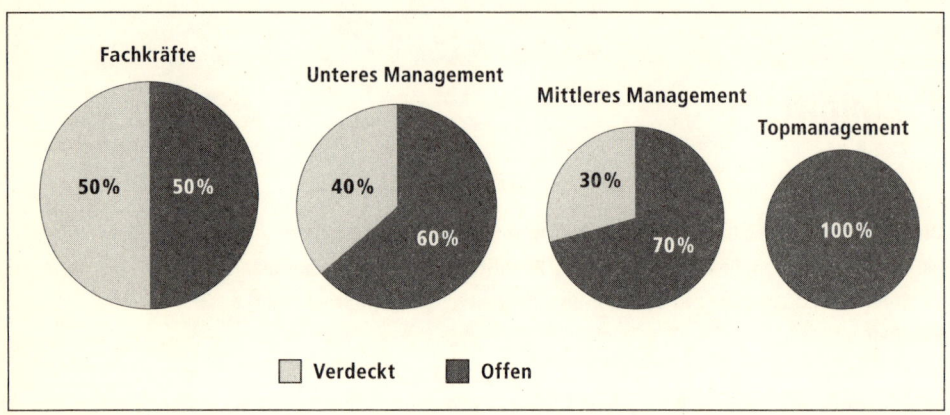

Fachkräfte 50% 50%

Unteres Management 40% 60%

Mittleres Management 30% 70%

Topmanagement 100%

☐ Verdeckt ■ Offen

Das Verhältnis von offenem und verdecktem Stellenmarkt in den verschiedenen Marktsegmenten

Wenn Sie eine qualifizierte Fachkraft sind und sich zu den Sachbearbeitern rechnen, können Sie davon ausgehen, dass mindestens jede zweite Position, die für Sie interessant sein könnte, nicht öffentlich ausgeschrieben wird. Mit anderen Worten: Sie lassen sich jeden zweiten hochinteressanten Job entgehen, wenn Sie Ihr Heil allein in der klassischen Bewerbung suchen. Mit dem Problem des verdeckten Stellenmarkts plagen sich also nicht nur Führungskräfte herum.

Die mittlere Ebene

> **Im mittleren und unteren Management werden zwischen 60 und 70 Prozent der frei werdenden Positionen nicht im offenen, sondern im verdeckten Stellenmarkt vergeben. Es führt also kein Weg daran vorbei, sich mit den Bedingungen und Gegebenheiten dieses Stellenmarktes zu beschäftigen.**

Gründe, verdeckt zu suchen

Wie kommt es, dass so große Teile des Stellenmarkts nicht allen zugänglich sind? Wer hat da etwas vor wem zu verbergen, werden Sie sich möglicherweise fragen. Ein Grund ist zum Beispiel dieser: Der Stelleninhaber soll ersetzt werden, aber er darf von seinem »Glück« noch nichts wissen. Er leistet zwar nicht viel, aber man möchte verhindern, dass er überhaupt nichts mehr tut oder sich krankmeldet, wenn er erfährt, dass man sich demnächst von ihm trennen möchte. Ein solcher Fall landet nicht zwangsläufig im verdeckten Stellenmarkt, aber unter eigenem Namen wird die freisetzende Firma den Nachfolger vermutlich nicht suchen wollen.

Etliche Personalberater nennen bei ihren Anzeigenveröffentlichungen den Namen ihres Auftraggebers. In vielen Fällen gibt es auch keinen Grund, mit dem Namen hinter dem Berg zu halten. Es erspart der Personalberatungsgesellschaft viele Rückrufe von potenziellen Kandidaten. Die Mehrzahl der Anrufer möchte vorab gerne herausfinden, um welche Firma es gehen könnte. Nennt die Beratungsgesellschaft den Namen des Auftraggebers, so veröffentlicht sie ganz nebenbei regelmäßig ihre »Referenzliste« auf Kosten der Kunden. Das schafft Vertrauen – solange sich nicht allzu häufig »Zitronen« unter den Kundennamen befinden.

Werbung in eigener Sache

Andere Personalberatungsgesellschaften verschweigen den Namen des Kunden in der Anzeige oder nennen ihn nur in Ausnahmefällen. Auch dafür gibt es eine Reihe von guten Gründen. Durch diese Vorgehensweise werden dem offenen Markt die Stellen nicht entzogen. Sie werden nur nicht ganz so offen gehandelt, als würde das suchende Unternehmen unter »eigener Flagge« im Markt aktiv.

Ein Grund, den verdeckten Stellenmarkt für die Neubesetzung einer Position zu nutzen, könnte ein zwischenmenschlicher sein. Wenn Sie Abteilungsleiter sind und Ihnen die Nase eines Ihrer Mitarbeiter oder seine politische Meinung nicht passt, dann können Sie ihm deswegen nicht den Stuhl vor die Tür setzen. Im Führungskräftebereich geschieht so etwas jedoch sehr häufig. Von Führungskräften trennt man sich, weil die »chemistry« nicht stimmt, auch wenn die Arbeitsleistung nichts oder nur wenig zu wünschen übrig lässt. Nach außen wird das dann mit unterschiedlichen Auffassungen hinsichtlich der Strategie begründet.

Wenn die Chemie nicht stimmt

Wenn es im Management »nicht zusammen geht«, ist eine einvernehmliche Trennung in den meisten Fällen tatsächlich das kleinere Übel. Die ausscheidende Führungskraft erwartet nun, dass die Trennung äußerst diskret und neutral gehandhabt wird, um den Schaden so gering wie möglich zu halten. Würde in einem solchen Fall eine Anzeige geschaltet, um den Nachfolger zu

Defizite des bisherigen Stelleninhabers

suchen, würde man den Schaden vermutlich maximieren. Anzeigentexte beschreiben oft ja gar nicht, welche Eigenschaften und Fähigkeiten der zukünftige Stelleninhaber haben sollte. Sie beschreiben im Grunde eigentlich die Defizite des bisherigen Stelleninhabers.

Imageschaden vermeiden

Auch das Unternehmen selbst sollte durch einen solchen Trennungsprozess nicht beschädigt werden. Das ungeplante Ausscheiden einer Führungskraft kommt weder bei Kunden noch bei Lieferanten oder den eigenen Mitarbeitern besonders gut an. Aus diesem Grund ist eine diskrete Nachfolgersuche meist die weitaus bessere Lösung. Diskret heißt in solchen Fällen, dass die Stelle mit Hilfe eines Headhunters besetzt wird.

> **Es gibt viele Gründe, die für die diskrete Suche nach einem neuen Stelleninhaber sprechen.** Dazu zählen der Schutz des bisherigen und des potenziellen zukünftigen Stelleninhabers und die Vermeidung eines Imageverlusts für das suchende Unternehmen.

Executive Search als Lösung

Der Begriff »Executive Search« beziehungsweise »Headhunting«, wie der Volksmund sagt, bezeichnet die Suche nach Führungskräften mithilfe einer persönlichen Direktansprache. Dieses Verfahren kam in Deutschland erst mit dem Wirtschaftswunder in den Fünfzigerjahren auf, als die qualifizierten Bewerber knapp wurden. Bevor diese Suchmethode in Deutschland etabliert war, konnte man den Stand der Konjunktur an der Größe der Stellenanzeigen ablesen. Gab es zu wenige Bewerbungen auf eine Ausschreibung, veröffentlichte man die Anzeige kurzerhand ein weiteres Mal – möglichst in einem größeren Format. Nutzte auch das nichts, war allerdings guter Rat teuer. In dieser Zeit brachten amerikanische Personalberatungsfirmen die Methoden des Executive Search nach Deutschland. Die ersten Headhunter arbeiteten allerdings so diskret, dass sie zunächst einmal kaum wahrgenommen wurden.

Phänomen Max Schubart

Nur einer machte wirklich Furore – Maximilian Schubart. Dieser Mann wurde dem deutschen Zeitungs- und Zeitschriftenpublikum als der Prototyp des Headhunters verkauft. Das war auch ziemlich einfach, denn Maximilian Schubart ließ sich grundsätzlich nur mit Pistole in der Hand ablichten. Er wusste, was PR ist, lange bevor sich das Buchstabenkürzel in deutschen Unternehmen durchsetzte. Wer vor 20 oder 30 Jahren bei irgendeiner Gelegenheit von Headhunting sprach, traf in seinem Umfeld fast immer auf jemanden, der sich als »Wissender« zu erkennen gab, indem er beiläufig den Namen »Maximilan Schubart« erwähnte.

Executive Search wurde in der Folgezeit als leistungsfähige Branche und nicht als Sammelbecken von Exoten wahrgenommen. Das hatten die »Headhunter« vermutlich in erster Linie Kienbaum und dem BDU zu verdanken, dem Bundesverband Deutscher Unternehmensberater. Es lag aber natürlich auch an dem Umstand, dass sich ihre Umsätze prächtig entwickelten. Der BDU sah es einige Zeit lang als wichtige Aufgaben an, die Headhunter regelmäßig bei der Bundesanstalt für Arbeit zu »verpetzen« – ihre Arbeit verstieß angeblich gegen das Vermittlungsmonopol und dagegen müsse man etwas unternehmen. Nur die Vorgehensweise von Kienbaum, also die Suche per Stellenanzeige, sollte als »reine Lehre« gelten und alles andere müsse als Teufelszeug auf den Index. Die Suche über Stellenanzeigen durch Personalberater stellte so gesehen eigentlich auch eine Verletzung des Monopols dar, aber diese hatte man sich durch eine Sondervereinbarung absegnen lassen. Spötter bezeichneten den BDU damals gerne als »Kienbaum-Unterstützungsverein«.

Durch die Europäisierung des Rechts hat sich aber inzwischen einiges geändert. Das Arbeitsvermittlungsmonopol ist gefallen und die Streitigkeiten und Anfeindungen sind Schnee von gestern. Selbst die VDESB (Vereinigung der Deutschen Executive-Search-Berater), mit der sich die Branche vor den Querschlägern von BDU und der Bundesanstalt für Arbeit zu schützen versuchte, ist mittlerweile im BDU aufgegangen. Jeder Manager weiß mittlerweile, was Executive Search ist und was ein Headhunter tut, und die meisten Führungskräfte wünschen sich nichts sehnlicher, als dass doch endlich mal einer bei ihnen anruft.

**Die Geschichte des Headhuntings in Deutschland:
Zunehmend wurde dieses Art der Personalsuche als
eine leistungsfähige Branche wahrgenommen, in
der es nur noch wenige »Exoten« gab.**

Etwas Geheimnisvolles bleibt

Wie im Executive Search genau gearbeitet wird, wissen aber immer noch die wenigsten. Und solange Journalisten sich bei den falschen Leuten danach erkundigen, wird das wohl auch so bleiben. Das ist auch nicht weiter schlimm. Die Headhunter stört es nicht, wenn ihre Arbeit auch weiterhin mystifiziert wird, und für Kandidaten und Klientel der Headhunter sind diese bestehenden Wissenslücken auch nicht von Nachteil. Sie werden nun hier erfahren, was Sie sich von der Arbeitsweise der Headhunter abgucken können, um mit diesen Instrumenten den verdeckten Stellenmarkt zu knacken.

Diskretion zum Schutz des Bewerbers

Diskretion ist übrigens auch ein sehr wichtiges Mittel, um Personen für eine Position zu interessieren. Jede Bewerbung ist immer auch mit einem gewissen Risiko verbunden. Wenn Sie mit dem Gedanken spielen, eine Position in einem anderen Unternehmen anzunehmen und das Ihrem derzeitigen Arbeitgeber zu Ohren kommt, kann das für Sie unschöne Folgen haben. Man wird Sie zukünftig vielleicht für einen unsicheren Kandidaten halten und bei einer anstehenden Beförderung einfach übergehen.

Sie werden sich also nur dann überhaupt mit einer anderen Position befassen, wenn es kein unnötiges Risiko für Sie darstellt. Diskretion senkt Ihr Risiko. Manche Positionen sind auch einfach deshalb schwer zu besetzen, weil sie ungeschickt und unprofessionell »verkauft« werden. Stellt Ihnen ein Headhunter eine Position vor, die genau passen würde und für Sie auch sehr attraktiv ist, wird das sicherlich Ihr Interesse wecken. Sollte Ihnen aber zu Ohren kommen, dass dieselbe Position bereits einem oder mehreren Ihrer Mitarbeiter angeboten wurde, werden Sie sicherlich misstrauisch werden und den Kontakt abbrechen. Da hat sich vermutlich jemand nicht sorgfältig vorbereitet und die Ebenen des Unternehmens nicht richtig zugeordnet.

Geheimnisträger auswählen

Man kann es also drehen und wenden, wie man will: Für die meisten Jobwechsel ist Diskretion immer noch das wirksamste Geheimrezept. Je mehr Leute wissen, dass eine Führungsposition neu besetzt werden muss, desto weniger gut ist es für den Prozess der Besetzung und für die potenziellen Interessenten. Wenn eine Führungsposition neu besetzt werden muss, sollten möglichst wenige Menschen davon erfahren – und die wenigen sollten dann möglichst schon »die Richtigen« sein. Daher die »Geheimnistuerei« der Headhunter.

Diskretion ist übrigens auch dann absolut notwendig, wenn man in neue Märkte oder Geschäftsfelder vordringen möchte und dafür geeignete Mitarbeiter sucht. Würden die Unternehmen zu diesem Zweck die Stellen öffentlich ausschreiben, gäben sie so unfreiwillig auch immer einen Teil ihrer Strategie preis.

Eintritt in neue Märkte

> **Diskretion ist in den meisten Situationen, in denen ein Jobwechsel ansteht, eine Art Geheimrezept. Davon lebt die Branche der seriösen Headhunter.**

Jede Stellenausschreibung kostet sehr viel Geld. Schon die Kosten für ein Inserat in den Printmedien sind erheblich und auch die Abwicklungskosten sind nicht zu unterschätzen. Auf jede Stellenausschreibung erhält das inserierende Unternehmen auch zahlreiche Bewerbungen, auf die es gerne verzichtet hätte. Es kann durchaus vorkommen, dass die Hälfte der Bewerbungen überhaupt nicht zu der zu besetzenden Stelle passt. Eine falsche oder ungeschickte Formulierung im Anzeigentext, und schon fühlen sich Personen angesprochen, an die man bei der Formulierung des Anzeigentextes niemals gedacht hat.

Anfallende Kosten

Es mag zunächst paradox klingen, aber der verdeckte Stellenmarkt ist wohl auch deshalb so groß, weil viele Menschen enge Beziehungen zu einigen ihrer Mitmenschen haben. Wenn ein Abteilungsleiter einen wichtigen Mitarbeiter durch Kündigung verliert und sich nach einem geeigneten Nachfolger umsehen muss, was tut er als Erstes? Er wird eher nicht zum Personalchef gehen und ihn auffordern, einen neuen Mitarbeiter zu suchen. Er versucht es erst einmal selbst – »mit Bordmitteln«, wie es so schön heißt. Er wird sein Beziehungsnetz nutzen, um einen Kandidaten zu finden, mit dem er den ausscheidenden Mitarbeiter ersetzen kann.

Alternative: Beziehungsnetzwerk

Es gibt, wie wir glauben, einen ganz wichtigen Grund, zunächst die eigenen Beziehungen spielen zu lassen. Man wird auf diesem Wege möglicherweise sogar an die besseren Kandidaten herankommen. Nicht umsonst spricht man in diesem Zusammenhang von »Empfehlungen«. In der Regel bekommt man nämlich auf diesem Wege auch gleich noch die positive Beurteilung des Kandidaten mitgeliefert. Das, was empfohlen wird, wird auch gutgeheißen. Ob das Urteilsvermögen des Empfehlenden immer gut ist, ist natürlich eine ganz andere Frage.

Mehrwert von Empfehlungen

Handelt es sich bei dem Tippgeber um einen langjährigen Mitarbeiter, Kollegen oder auch Vorgesetzten, dann ist die Empfehlung meist recht fundiert. Zumindest ist die Beurteilungsgrundlage weitaus besser als alles, was man im Rahmen des klassischen Bewerbungsprozesses über einen Kandidaten erfährt. Was findet man schon in zwei oder drei Vorstellungsgesprächen von jeweils ein oder zwei Stunden Dauer heraus? Was sagen ein paar (möglicherweise selbst verfasste) Zeugnisse und ein (möglicherweise geschönter) Lebenslauf aus und was bringt ein (möglicherweise wenig aussagefähiger) Test? Das ist alles lächerlich wenig im Verhältnis zu dem, was man über einen Menschen durch jahrelange Zusammenarbeit in Erfahrung bringt.

Ein weiterer Vorteil der Empfehlung kann der sein, dass man einem empfohlenen Kandidaten den neuen Job gar nicht erst schmackhaft machen muss – das hat in vielen Fällen schon der Empfehlende erledigt. Natürlich können Empfehlungen im Einzelfall auch schiefgehen, wenn der empfohlene Kandidat nichts taugt oder einfach nicht ins Unternehmen passt. Der Empfehlende muss sich immer darüber im Klaren sein, dass er mit einer Empfehlung auch einen Teil seiner eigenen Reputation mit in die Waagschale wirft.

Eine persönliche Empfehlung ist bei der Suche nach einer neuen Position von unschätzbarem Wert. Man empfiehlt nur das, was einem selber gefällt, und wird bei einer Empfehlung stets den eigenen guten Ruf im Auge behalten.

Kontakte sind weniger wert

Kommt die Empfehlung nicht von der direkten Kontaktperson, die man persönlich kennt und schätzt, sondern von einer dritten, dann kann man nicht mehr von Empfehlung sprechen. Es handelt sich dann einfach nur um einen Kontakt. Ein Kontakt ist eigentlich sehr wenig im Vergleich zu einer Beziehung. Beziehungen entstehen, wenn man etwas gemeinsam tut; zum Beispiel lernen, studieren, arbeiten, Siege erringen, Niederlagen einstecken. Beziehungen entstehen durch gemeinsames Erleben, oft auch durch gemeinsames Erleiden. Beziehungen entstehen oft auch erst dann, wenn Menschen füreinander einstehen oder sogar Opfer füreinander bringen mussten. Man ist in der Folge nicht nur einander, sondern auch gemeinsamen Werten verpflichtet. Das ist es, was Bindungskräfte entfaltet; und diese Bindungskräfte machen echte Beziehungen so tragfähig und belastbar. Sie haben wenig mit den eher losen und unverbindlichen Kontakten zu tun, wie sie elektronisch gleich im Dutzenderpack geschlossen werden.

Viele Unternehmen bitten auch ihre Mitarbeiter um Mithilfe bei der Suche nach neuen Kollegen. Manche Firmen belohnen ihre Mitarbeiter mit Prämien, falls es durch deren Empfehlung zu einer Neueinstellung kommt. Eine namhafte Consulting-Firma verweist darauf, dass annähernd 40 Prozent der neu eingestellten Berater über Empfehlungen aus den eigenen Reihen in das Unternehmen gekommen sind. Man kann wohl davon ausgehen, dass die Floprate bei diesen Besetzungen nicht höher sein wird als bei allen sonstigen Einstellungen. Auch Kandidaten, die auf Empfehlung in Kontakt mit dem Unternehmen kommen, werden dem üblichen Auswahlprozess unterzogen. Wir vermuten sogar, die Floprate wird eher niedriger sein als bei den »klassischen« Einstellungen, weil die neu gewonnenen Mitarbeiter im Vorfeld ihrer Einstellung besser über das informiert sein werden, was im Unternehmen auf sie zukommen wird.

Sonderfall Mitarbeiterempfehlungen

> **Mitarbeiterempfehlungen können erfolgreich sein, weil der potenzielle neue Stelleninhaber in der Regel recht gut über das Unternehmen informiert sein wird, das die Stelle ausschreibt.**

Ein nicht unerheblicher Teil des Stellenmarktes ist nicht deshalb verdeckt, weil man ihn systematisch vor Ihnen verstecken will. Etliche Stellenangebote sind einfach nur schwer auffindbar. Sie haben sich sozusagen selbst versteckt beziehungsweise verdeckt. Das klassische Beispiel für diesen Fall sind Stellenangebote, die ausschließlich auf der Webseite der suchenden Unternehmen veröffentlicht werden. Handelt es sich dabei um Unternehmen, die nicht

Versteckte Stellenangebote

im Fokus des öffentlichen Interesses stehen, sind die Chancen, dass ein »Branchenferner« ein solches Angebot entdeckt, relativ gering.

Faktor Zeit Manche Angebote findet man nicht, selbst wenn man weiß, wo sie zu finden wären. Das gilt zum Beispiel für viele Angebote in den großen Jobbörsen. Einige der Datenbanken sind so groß geworden, dass man schon ein paar Stunden benötigt, nur um die Angebote der letzten sieben Tage durchzugehen. Anzeigen, die älter als ein oder zwei Wochen sind, verschwinden dann in einem riesengroßen Topf, an den sich nur ganz Verzweifelte heranwagen. Immerhin ist es einigen Anbietern mittlerweile gelungen, die Führungspositionen von den Diplomanden- und Praktikantenstellen zu trennen, sodass man für seine Suche nur Stunden, und nicht Tage einplanen muss.

Problem Funktions- bezeichnung Beim Suchen in den Jobbörsen tun sich aber noch einige Schwierigkeiten mehr auf. Es gibt Funktionsbezeichnungen, die inflationär verwendet werden, wie zum Beispiel »Projektmanager«. Sie sind als Suchbegriffe weitgehend ungeeignet, weil damit die Funktion nicht ausreichend präzisiert werden kann. Und es gibt berufliche Funktionen, die lassen sich begrifflich nur schwer auf den Punkt bringen. Es gibt Funktionen, bei denen greift der verwendete Funktionenschlüssel nicht, und es gibt Branchen, bei denen greift der aktuelle Branchenschlüssel nicht.

Suchen Sie doch zum Beispiel einmal einen »kaufmännisch / technischen Job als Projektmanager bei einem Unternehmen im Bereich erneuerbare Energien«. Erneuerbare Energien? Geben Sie einfach nur unter Schlagwortsuche die folgenden Begriffe ein: Sonne, Solar, Wind, Wasser, Gas, Bio, Geo, Öko, Photo, Heiz, Wärme, Brennstoff, Flüssig, Warm – Sie können sicher sein, darunter schon etwas Passendes zu finden. Sie können sich die Eingabe all dieser Begriffe aber auch sparen. Gehen Sie einfach alle 120 000 Jobangebote der Reihe nach durch, das ist genauso effektiv. Wohl dem, der einen Standardjob hat und einen Standardjob sucht! Wehe dem, dessen Tätigkeits- oder Branchenwunsch noch keinen Niederschlag in den gängigen Schlüsselbegriffen gefunden hat.

Treffsicherheit bei den Jobangeboten Nein, wir möchten Sie nicht demotivieren. Wir möchten nur verhindern, dass Sie all den wohltönenden Werbebotschaften Gehör schenken. Sie versprechen Ihnen, dass Sie eigentlich nur Ihre Daten in irgendeiner Datenbank hinterlegen müssen, um an die passenden Stellenangebote zu kommen. Davon kann überhaupt keine Rede sein. Wir »testen« regelmäßig solche Datenbanken, indem wir unsere eigenen Daten hinterlegen und dann vergleichen, wem von uns welche Jobs angeboten werden. Unsere Ausbildungen sind sozusagen »überschneidungsfrei«, altersmäßig liegen wir genau 20 Jahre auseinander. Dennoch bekommen wir beide von einer dieser Börsen seit geraumer Zeit exakt dieselben Jobs angeboten und da ist alles dabei – von der Sekretärin über den Leiter Qualitätssicherung bis zum Assistenten des Personalchefs.

Bei der Nutzung von Datenbanken ist eine gewisse Vorsicht angeraten, da sowohl die Branchen- als auch die Funktionsbezeichnungen teilweise wenig ausgereift sind und die eigenen Daten oft zu überraschenden Jobangeboten führen.

Das Resümee aus all diesen Beobachtungen lautet: Nur ein Teil der für Sie interessanten Stellenangebote wird ausgeschrieben, und Sie werden auch immer nur einen Teil der ausgeschriebenen Angebote identifizieren können. Was also ist zu tun? Verschiedene Maßnahmen sind denkbar. Sie können Ihre Bemühungen auf die zusätzliche Identifikation von Ausschreibungen richten. Sie können Ihre Bewerbungsunterlagen in feinstes Leder einbinden und mit Goldschnitt versehen. Sie können Schauspielunterricht nehmen, um noch glaubwürdiger als bisher die Rolle der Person zu verkörpern, die gerade gesucht wird. Aber eines können Sie mit all diesen Maßnahmen nicht erreichen: Sie werden sich damit nicht den verdeckten Teil des Stellenmarktes erschließen.

Das Fazit

Sie müssen sich also damit befassen, wie dieser Teil des Marktes zu knacken ist. Wir beschäftigen uns damit seit rund zehn Jahren. So lange machen wir Outplacement für Fach- und Führungskräfte, die ihren Job verloren haben und baldmöglichst einen neuen finden wollen. Außerdem beraten wir Menschen, die ihren Job noch haben, aber der Meinung sind, da müsse aber noch etwas mehr passieren.

Klare Aufgabe

JobSearch Die meisten Personen, die wir betreuen, wissen bereits ganz gut, wie sie sich im offenen Stellenmarkt nach interessanten Jobs umsehen können. Wir konzentrieren uns also darauf, mit ihnen eine Strategie für den verdeckten Stellenmarkt zu entwickeln und diese dann umzusetzen. Wir nennen diese Strategie »JobSearch« – in Anlehnung an den Begriff »Executive Search« –, da wir das Verfahren, das Headhunter für die Suche nach Führungskräften einsetzen, bis zu einem gewissen Grad für die Suche nach einem neuen Job adaptiert haben.

Die 10:90-Formel Vor einigen Jahren gab es in einer großen Tageszeitung ein Interview mit einem Headhunter, der sein Unverständnis darüber zum Ausdruck brachte, dass sein Beruf so sehr mystifiziert würde. Es sei doch ein Job wie jeder andere: 10 Prozent Inspiration und 90 Prozent Transpiration. Das besagt, dass die Arbeit des Headhunters zum überwiegenden Teil harte Arbeit ist. Executive Search sieht nach außen vielleicht glamourös aus, ist aber knochenharte Arbeit, für die man viel Fleiß, Ausdauer und Erfahrung benötigt.

Ihre Bewerbungs-fitness Das gilt auch für unser JobSearch-Verfahren. Es ist kein supertricky Shortcut, mit dem Sie schlagartig alle Probleme aus dem Weg räumen. Es ist vielmehr eine Abfolge von Einzelschritten, die mitunter etwas mühevoll sind. Allerdings hat das Verfahren einen enormen Vorzug gegenüber dem Executive Search: Wenn Sie dort im Prozess ein paar kleinere Fehler begehen, ist der Erfolg komplett infrage gestellt. Sie stehen am Ende vielleicht mit leeren Händen da und müssen sich bei dem Kunden nie wieder um Aufträge bemühen.

Wenn Sie bei JobSearch einiges nicht ganz richtig machen, dann ist der Erfolg nicht gänzlich infrage gestellt. Er lässt nur möglicherweise etwas länger auf sich warten. Und es kann durchaus passieren, dass Sie Ihren Erfolg nicht im verdeckten Stellenmarkt erzielen, sondern im offenen. Mit jedem JobSearch-Schritt, den Sie tun, verbessern Sie automatisch auch Ihre Fitness für den klassischen Bewerbungsprozess. Sie optimieren quasi nebenbei Ihr gesamtes Bewerberverhalten und schöpfen damit auch Ihre Chancen im offenen Stellenmarkt besser aus. Wir möchten sogar noch einen Schritt weitergehen: Sie werden, wenn Sie sich die »JobSearch-Philosophie« zu eigen machen, auch mehr Klarheit hinsichtlich Ihrer weiteren beruflichen Entwicklung gewinnen, neue Chancen besser erkennen und Fallstricke meiden.

JobSearch ist kein Wundermittel: Es erfordert, genauso wie die Arbeit eines Headhunters, einiges an Arbeit und Fleiß, und man muss unter Umständen etwas Geduld aufwenden, um eine Stelle auf dem verdeckten (oder offenen) Stellenmarkt zu finden.

2. So arbeitet der Headhunter

Ein Jäger, der auf seiner Pirsch ungeschickt und tölpelhaft vorgeht, verscheucht das Wild. Das gilt auch für den Headhunter, den, der nach Köpfen jagt. Wer seine potenzielle Beute nicht verschrecken will, muss behutsam und diskret vorgehen. Es darf nicht passieren, dass die Suche nach einem Manager Wellen schlägt und die ganze Branche in Aufruhr versetzt. Das wäre fatal.

Headhunter sind wahre Könner darin, den Wellenschlag zu vermeiden. Sie bringen andere Leute zum Reden und wichtige Informationsquellen zum Sprudeln, ohne selbst viel von sich preiszugeben. Kein Wunder also, dass sich viele Vermutungen und Gerüchte um ihre Tätigkeit ranken. Presse und Medien tun das Ihre, um die Tätigkeit des Headhunters zu mystifizieren.

Meister der Diskretion Professionell und seriös arbeitende Headhunter haben nichts zu verbergen. Sie müssen nichts verschleiern, aber sie sind Meister der Diskretion. Wir lüften diesen Schleier hier ein wenig, weil man von der Arbeitsweise des Headhunters sehr viel lernen kann, wenn man für sich selbst einen neuen Job suchen will oder muss.

Keine Personalvermittler Zwei der gängigsten Missverständnisse, die im Zusammenhang mit Headhuntern immer wieder aufkommen, seien gleich zu Beginn ausgeräumt. Das häufigste Missverständnis aus Kandidatensicht lautet: »Der Headhunter rollt mir sicher den roten Teppich aus, wenn er mich vermitteln darf, schließlich macht er mit mir, wenn es klappt, eine Menge Kohle.« So funktioniert das leider nicht. Der Headhunter ist kein Personalvermittler; er arbeitet nur im Auftrag von Firmen, nicht im Auftrag von (Privat-)Personen. Kein Headhunter ist scharf auf den Vermittlungsgutschein Ihrer Arbeitsagentur. Sein Geschäftszweck besteht nicht darin, Ihnen einen neuen Job zu suchen, sondern seinem Auftraggeber einen neuen Manager – das ist ein ganz wesentlicher Unterschied.

Headhunter sind keine Personalvermittler, die nur auf Sie gewartet haben. Ihr Kunde ist das Unternehmen, und ihr Ziel besteht darin, die Position dort erfolgreich zu besetzen.

Das häufigste Missverständnis aus Kundensicht lautet: »Der beste Headhunter hat den idealen Kandidaten für mich bereits in seiner Kartei. Die Unterschrift unter den Arbeitsvertrag ist dann nur noch ein Klacks.« Ja, mancher Auftraggeber stellt sich die Personalsuche mittels Headhunter tatsächlich so vor wie den Verkauf eines Staubsaugers an Lieschen Müller: Hier der Kugelschreiber, bitte unten rechts unterschreiben! Auch diese Vorstellung ist natürlich realitätsfern. Wenn es darum ginge, möglichst viele Kandidaten in der Kartei zu haben, wäre sicherlich die Bundesagentur für Arbeit mit ihrer Millionen-Kandidaten-Kartei der interessanteste Geschäftspartner. In der Realität scheinen das aber viele potenzielle Auftraggeber ganz anders zu sehen.

Eine große Kandidatenkartei hilft wenig

Gute Kandidaten mögen in vielen Karteien abgespeichert sein, dennoch liegen sie nirgendwo abrufbereit »auf Lager«. Ein Kandidat, den der Headhunter auf Lager hat, ist nämlich kein guter Kandidat – jedenfalls nicht in den Augen des Kunden und schon gar nicht, wenn der Kandidat sich bereits etliche Monate dort befindet. Das mag jetzt ungerecht klingen, ist aber so. Wenn es sich lohnt, bei den Headhuntern etwas abzugucken, dann ist es das systematische Suchen und Finden.

Der Manager, den der Headhunter schon eine Zeit lang in seinem Archiv gelistet hat, gehört eher zu den schlecht vermittelbaren Kandidaten.

Am Beginn jeder Suche steht die Spezifikation, die auch Anforderungsprofil genannt wird. Sie wird gemeinsam mit dem Kunden entwickelt und ist die Basis des Suchauftrages. Eine solche Spezifikation kann man sich wie eine Stellenbeschreibung vorstellen, die um eine Reihe von Informationen erweitert wird.

1. Schritt: Spezifikation

Folgende Aspekte werden dort aufgeführt:

- Welche Aufgaben und Befugnisse wird der Stelleninhaber haben?
- Welche Voraussetzungen und welche Persönlichkeitseigenschaften sollte er mitbringen?
- Welche Erfahrungen, welche Ausbildung, welche formalen Abschlüsse sind erforderlich?
- Woran wird sein Erfolg bemessen?
- Wie wird er bezahlt?
- Welche Incentives und Nebenleistungen sind vorgesehen?
- Ab wann sollte die Position besetzt sein?
- Und so weiter.

Eine solche, schriftlich fixierte Spezifikation sorgt zum einen dafür, dass sich der Auftraggeber auch später genau daran erinnert, was er eigentlich in Auftrag gegeben hat. Außerdem behält so der Berater sein Suchziel gut im Auge. Das setzt allerdings voraus, dass die Spezifikation realistisch, prägnant und widerspruchsfrei formuliert ist.

Achtung Lachnummer Manche Anforderungsprofile skizzieren ein völlig überzeichnetes Idealbild. Das kennen Sie ja bereits von den Texten vieler Stellenanzeigen. Wenn man in der Welt der Halbgötter suchen muss, weil es den beschriebenen Helden in der realen Welt nicht gibt, ist das Anforderungsprofil nicht hilfreich, sondern eine Lachnummer.

Dazu wird das Anforderungsprofil auch, wenn in der Brust der gesuchten Person ganz unterschiedliche Herzen wohnen müssen – wenn also zum Beispiel »teamorientierte Einzelkämpfer«, »anpassungsfähige Durchsetzer« oder »konzeptionsstarke Macher« gesucht werden sollen. Wenn man in einem Anforderungsprofil divergierende, sich wechselseitig ausschließende Anforderungen vorfindet, handelt es sich nicht um eine brauchbare Spezifikation, sondern allenfalls um eine Demonstration fehlender Menschenkenntnis. Auf einer solchen Basis kann keine Suche erfolgreich sein, selbst nicht mithilfe des perfekten Suchverfahrens.

Das Anforderungsprofil ist das Kernstück der Headhunter bei der Suche nach einem geeigneten Kandidaten; daran kann man sich bei der eigenen Suche nach einem Job orientieren.

Spätestens wenn eine brauchbare Spezifikation vorliegt, könnte die Suche doch eigentlich losgehen, oder? Leider nein! Es fehlt noch ein kleiner, aber entscheidender Zwischenschritt: Persönlichkeitsanforderungen sind in der Regel nämlich keine geeigneten Suchkriterien. Wenn ich weiß, wen ich suche, weiß ich damit noch nicht automatisch, wo ich ihn finde. Die Suchkriterien muss man erst noch aus den geforderten Eigenschaften ableiten. In manchen Fällen ist das relativ einfach, sodass man diesen Vorgang überhaupt nicht als Zwischenschritt wahrnimmt – etwa dann, wenn von vornherein feststeht, aus welcher Branche oder aus welchem Tätigkeitsbereich die gesuchte Person kommen soll. Aber nicht immer ist die Zuordnung von Anforderungen und Suchkriterien so eindeutig und eindimensional. Häufig müssen zunächst Annahmen getroffen werden, die man erst überprüfen muss, ehe sich die eigentlichen Suchkriterien herauskristallisieren.

Persönlichkeitsanforderungen

Und es gibt noch einen weiteren Gesichtspunkt, den der Headhunter in seine Überlegungen einfließen lassen muss: Die Person, die er sucht, muss nicht nur können, was sie können soll; sie muss es auch wollen – der angebotene Job muss also für sie attraktiv sein. Das wird vermutlich nicht der Fall sein, wenn man ihr einen Job anbietet, der sich vielleicht nur darin von dem derzeitigen Job unterscheidet, dass er etliche Dutzend Kilometer weiter vom Wohnsitz entfernt ist.

Können + Wollen

Wenn ein Job attraktiv sein soll, dann muss er in der Regel »eine Etage höher« angesiedelt sein. Der Headhunter muss herausfinden, wo seine Zielperson gerade steht. Erst dann weiß er, ob sie das Angebot attraktiv finden könnte und die nötigen Voraussetzungen für die nächste Stufe auf der Karriereleiter mitbringt.

Aufstieg gewünscht

Bei der Suche nach geeigneten Kandidaten muss der Headhunter zunächst passende Suchkriterien entwickeln und die Verfügbarkeit der infrage kommenden Personen diskret prüfen.

Sind diese Fragen geklärt, wird sicherlich jeder Headhunter erst einmal überprüfen, welche der Personen, die er bereits kennt, für die Position infrage kommen könnten. Aber mit der Bevorratung und Lagerhaltung von Kandidaten ist es ja so eine Sache: Liegt der letzte Kontakt zu den bereits bekannten Personen drei oder vier Jahre zurück, dann sind die Kandidateninformationen veraltet, und die Wahrscheinlichkeit, dass man den Gesprächsfaden genau dort wieder aufnehmen kann, wo man ihn seinerzeit hat fallen lassen, ist gering. (Und falls doch, dann muss man sich fragen, ob man es wirklich mit einem ehrgeizigen, aufstrebenden Kandidaten zu tun hat!) War man hingegen erst kürzlich miteinander in Kontakt und hat der Gesprächspartner Wechselwilligkeit signalisiert, dann kann es gut sein, dass er gerade erst kürzlich einen Wechsel vollzogen hat. In diesem Fall wird er wohl kaum über einen erneuten Wechsel nachdenken wollen (und sollte das auch nicht tun). Die Wechselwilligkeit einer Person ist kein Dauerzustand, sie hat in der Regel ein recht nahes Verfallsdatum. Die Wahrscheinlichkeit, dass der Headhunter das Projekt mithilfe von Kandidaten aus seiner »Kartei« lösen kann, ist also nicht besonders groß.

Etwas größer wird sie, wenn sich der Headhunter auf eine Branche spezialisiert, sodass er überproportional viele Zielpersonen seiner Branche bereits kennt. Aber auch das ist nicht unbedingt von Vorteil. Der beste Kandidat arbeitet dann unter Umständen gerade bei einem seiner Kunden. Er müsste, um seinen Kunden X optimal bedienen zu können, also Mitarbeiter seiner Kunden Y und Z ansprechen. Und so etwas tut ein seriöser Headhunter nicht.

Da ein Headhunter seinem Kunden in der Regel mindestens drei Kandidatenvorschläge unterbreitet, wird er über die bestehenden Kontakte hinaus immer auch neue Kontakte anbahnen und herstellen müssen. Dafür gibt es im Wesentlichen zwei Verfahren: den direkten Weg und den indirekten Weg.

Headhunter können neue Kontakte entweder über Networking finden (indirekt) oder den Weg der Direct Search gehen (direkt).

Den indirekten Weg kennen Sie auch unter der Bezeichnung Networking. Networking ist, wenn man den vielen Befürwortern glauben darf, eine feine Sache: Man kommt, so heißt es, über maximal sechs Zwischenstationen an jeden anderen Menschen dieser Erde heran, selbst wenn er auf der anderen Seite des Globus leben sollte. Manche Menschen, zu denen wir uns zählen, halten Networking allerdings eher für eine Abwandlung des Kinderspiels »Stille Post«. Wenn Sie dem ersten Glied der Kette mündlich anvertrauen, wonach Sie suchen, dann kommt am Ende der Kette etwas an, was mit Ihrer ursprünglichen Zielsetzung kaum noch etwas zu tun haben dürfte.

Networking, der indirekte Weg

Geben Sie etwas Schriftliches weiter, ist die Gefahr der groben Verfälschung Ihrer Botschaft gebannt. Sie geben aber gleichzeitig das Verfahren aus der Hand und wissen nicht, wer welchen Unfug mit Ihren Papieren anstellt. Diese Vorgehensweise ist weder gut für die Diskretion noch für die Geschwindigkeit, mit der Sie Ergebnisse erzielen. Wir sagen: Networking ist der Umweg, den man gehen muss, wenn der direkte Weg nicht zum Ziel führt.

Beim direkten Weg wird der unmittelbare Kontakt zu potenziellen Kandidaten gesucht – ohne Mittelspersonen. In Fachkreisen spricht man auch von »Direktansprache« oder »Direct Search«. Aber ganz so direkt, wie gewünscht, lässt sich das meist nicht bewerkstelligen. Auch dieses direkte Verfahren besteht aus mehreren Einzelschritten:

Direct Search, der direkte Weg

- Erster Schritt: Man stellt zunächst Zielfirmen zusammen (es können selbstverständlich auch Organisationen, Einrichtungen oder Institutionen sein; der Einfachheit halber reden wir auch weiterhin immer nur von Zielfirmen). Zur Zielfirma wird erkoren, wer mit hoher Wahrscheinlichkeit mindestens eine Person beschäftigt, welche die Voraussetzungen erfüllt, wie sie in der Spezifikation zusammengestellt sind.

Fünf Schritte zum Erfolg

- Zweiter Schritt: Identifizierung der Zielperson beziehungsweise der Zielpersonen mit Namen und genauer Funktion.

- Dritter Schritt: Ansprache dieser Personen (in aller Regel telefonisch), um zu klären, ob sie überhaupt bereit sind, über das Thema zu sprechen, und ob sie tatsächlich in das Suchraster passen. Trifft beides zu, wird meist ein Termin für ein ausführlicheres Telefonat (oft in den Abendstunden) vereinbart. Entdecken die Gesprächspartner während dieses Telefonates ihr Interesse aneinander, vereinbaren sie ein persönliches Treffen an einem neutralen Ort oder im Büro des Headhunters.

- Vierter Schritt: Kommen beide Gesprächspartner nach diesem persönlichen Treffen zu dem Schluss, dass alles bestens zueinander passt, dann wird der Headhunter den Kandidaten bei nächster Gelegenheit seinem Auftraggeber vorstellen – neben zwei oder drei weiteren Kandidaten.

- Fünfter Schritt: Ist der Auftraggeber an dem Kandidaten interessiert, führt er normalerweise ein zweites, drittes oder sogar viertes Gespräch mit ihm und bietet ihm schließlich einen Vertrag an. Oder auch nicht. So einfach ist das.

Es braucht fünf aufeinander abgestimmte Schritte, um bei der direkten Suche vom unverbindlichen Erstkontakt zur ernsthaften Verhandlung zwischen dem Kunden und dem Kandidaten zu kommen.

Nachschlagewerke als Hilfsmittel

Zielfirmen zusammenzustellen und Zielpersonen zu identifizieren, ist manchmal überaus schwierig und kompliziert. Manchmal aber ist es auch kinderleicht oder viel einfacher jedenfalls, als der Außenstehende sich das vorstellt. Es gibt viele firmenkundliche Nachschlagewerke und andere Quellen, in denen alle gewünschten Informationen zu finden sind. Wir kommen noch ausführlich darauf zurück, wenn wir Ihnen raten, wie Sie diese Informationen möglichst clever für sich selbst nutzen können (ab Seite 134). Durch das Internet hat sich der Zugriff auf diese Daten noch einmal enorm vereinfacht und der Suchvorgang erheblich beschleunigt. Wenn Sie möchten, dass Sie leicht von Headhuntern gefunden werden, dann sorgen Sie dafür, dass Sie Mitglied in den wichtigsten Web-Communitys sind und dort auch Ihre wichtigsten beruflichen Eckdaten einem breiten Publikum zugänglich machen.

Die fehlenden Informationen, also das, was die Handbücher, On- und Offline-Datenbanken nicht hergeben, müssen recherchiert werden. Das geschieht telefonisch und wird normalerweise nicht vom Headhunter selbst durchgeführt, sondern von einem Researcher. Es sind überwiegend Frauen, die diese Recherchen durchführen, sie haben offenbar ein besonders gutes Händchen dafür. Eine gute Researchkraft stellt, wenn es um Informationsbeschaffung geht, jeden Kriminalkommissar und jeden Journalisten in den Schatten.

Recherche per Telefon

Als vor vielen Jahren einer unserer früheren Beraterkollegen jemanden fürs Research suchte, stellte er eine Kandidatin der engeren Wahl auf die Probe: Sie sollte versuchen, etwas über seine Kollegen herauszufinden. Zwei Tage später präsentierte sie ihm ihre Ergebnisse. Sie konnte ihm nicht nur sagen, welche Kollegen er hatte, sondern zu jedem Kollegen auch das Geburtsdatum, den Ausbildungsabschluss und den beruflichen Hintergrund nennen. Vermutlich hat sie auch noch Schuhgröße, Blutgruppe und Kragenweite ermittelt. Sie bekam den Job trotzdem nicht, dafür wurde die Telefonistin gefeuert, weil sie sich von der Dame über den Tisch ziehen lassen und all diese Daten ausgeplaudert hatte.

Cleverness ist bei solchen Recherchen durchaus gefragt, schließlich kann man nicht im Unternehmen anrufen und die Sekretärin des Personalchefs bitten: »Nennen Sie mir doch bitte mal die drei aktivsten Abteilungsleiter Ihrer Entwicklung samt Alter und Jahreseinkommen, wir hätten da eine attraktive berufliche Alternative für Sie.« Manchmal genügt es jedoch schon, verfügbare Informationen richtig miteinander zu verknüpfen.

Informations- verknüpfung

Wer mehr über eine Führungskraft und ihr Umfeld erfahren möchte, muss keine Telefonistinnen übertölpeln. Er könnte zum Beispiel den Namen der Person in die Suchmaske von Google eingeben; dann bekommt er mitunter ein relativ getreues Bild vom Beziehungsgeflecht dieser Person. Wenn Google sich über eine Person völlig ausschweigt, kann auch das eine Aussage sein.

Hilfe durch Suchmaschinen

Probieren Sie doch einfach einmal aus, was Google so über Sie zu erzählen weiß, Sie werden vermutlich staunen. Das funktioniert allerdings nur bei Personen gut, die keinen »Allerweltsnamen« haben. Researcher wissen nicht nur, wie Google funktioniert, sie sind auch Mitglied in allen für sie zugänglichen Web-Communitys – Personalchefs in der Regel auch.

Das Research ermittelt über zahlreiche Quellen, wer in einem Unternehmen überhaupt für die offene Position beim Kunden infrage kommen könnte. Auch hier sind Hartnäckigkeit und Diskretion gefragt.

Telefonischer Erstkontakt Der mühsamste und frustrierendste Teil dieser direkten Suchprozedur ist sicherlich der telefonische Erstkontakt, den meist der Researcher herstellt. Da müssen ziemlich viele Frösche geküsst werden, ehe sich einer der Angerufenen als Prinz entpuppt: Der eine hat gänzlich andere Voraussetzungen, als man erwartet hatte, der zweite ist zu jung, der dritte zu alt, dem vierten fällt vor Schreck der Telefonhörer aus der Hand, der fünfte passt genau, hat aber keinerlei Interesse an einer neuen Aufgabe, und am Telefon schon gar nicht und so weiter.

Suchen und Finden So viel zunächst einmal zur direkten Suche. Allerdings wird ein Headhunter nicht für das Suchen bezahlt, sondern für das Finden. Suchen und Finden sind zweierlei. Wer sucht, muss wissen, wonach er sucht; hat er falsche Annahmen getroffen oder ist er von falschen Voraussetzungen ausgegangen, wird das Suchergebnis nicht optimal sein. Daran ändert auch die strikte Systematik eines Suchverfahrens nichts. Das wissen auch die Headhunter, deshalb verwenden sie eine weitere Systematik, die dem Finden dient. Finden bedeutet, auf Informationen zu stoßen, von denen man gar nicht gewusst hat, dass es sie gibt – oder auf Personen, von denen man nicht angenommen hätte, dass auch sie als Kandidaten infrage kommen könnten.

Find-Systematik = Sourcing Diese Find-Systematik wird in Fachkreisen Sourcing genannt: Man sucht nach Personen (»Sources« = Quellen) mit geeignetem beruflichen Hintergrund, die gut vernetzt sind, und bittet sie um Auskünfte, Tipps, Hinweise aller Art und vor allem auch um fundierte Urteile – sei es zu potenziellen Kandidaten, zu Zielfirmen oder zur Suchstrategie. Sourcing hat eine gewisse Ähnlichkeit mit dem Networking, sollte damit aber nicht verwechselt werden. Sourcing stellt sicher, dass man bei einer Suche nicht wichtige Suchzielfelder und Suchaspekte übersieht. Eine gute Source kann einem auch sagen, welche Zielpersonen eher unter »Frosch« und welche unter »Prinz« einzusortieren sind. Im glücklichsten Fall serviert die Source sogar einen Prinzen auf dem silbernen Tablett. Was will man mehr?

Damit aus dem Suchen auch ein Finden wird, muss der Headhunter auch sogenannte Sources nutzen. Ihr Insiderwissen ist von unschätzbarem Wert für die Vermittlung geeigneter Personen.

3. Von der Initiativbewerbung zu JobSearch

Initiativbewerbungen haben Tücken

»Was tun, wenn es keine Stellenanzeigen gibt, auf die man sich bewerben könnte?« Alle Bewerbungsratgeber, die wir kennen, beantworten diese Frage mit dem Hinweis auf Initiativbewerbungen und fordern damit, bewusst oder unbewusst, dazu auf, den Headhunting-Prozess umzukehren. Der Bewerber soll nicht warten, bis jemand nach ihm sucht, sondern sich selbst bemerkbar machen. Doch diese Herangehensweise ist schwieriger als gedacht.

Chancen der Initiativbewerbung Warum eigentlich? Das werden sich viele clevere Leute fragen: Ich kann doch auf diese Weise

- spezifizieren, was ich alles kann (zu dieser Spezifikation sagt man üblicherweise »Lebenslauf«),
- überlegen, in welchen Firmen ich gerne arbeiten würde,
- herauszufinden versuchen, ob es dort für Leute mit meinem fachlichen Hintergrund etwas zu tun geben könnte, und dann
- diesen Menschen einen netten Brief schreiben, in dem ich sie bitte, anhand meiner Unterlagen zu prüfen, ob es Ansatzpunkte für eine Zusammenarbeit gibt.

So oder so ähnlich gehen tatsächlich viele Menschen vor und haben auch Erfolg damit. Dieses Verfahren hat einen Namen, es heißt Initiativbewerbung. Leider hat es auch ein paar Tücken, die dafür sorgen, dass es manchmal nur Bruchteile dessen leistet, was es eigentlich leisten könnte. Aus diesem Grund haben wir dieses Verfahren weiterentwickelt – zu JobSearch.

So habe ich
meinen Job
bei Ci-
lardt be-
kommen!

JobSearch ist die konsequente Weiterentwicklung eines Ansatzes, an dessen Anfang die eigeninitiative Bewerbung steht.

Strategischer Ansatz

Zwischen der Initiativbewerbung und JobSearch gibt es ein paar Unterschiede, die Ihnen möglicherweise nicht besonders groß vorkommen werden. In einem aber unterscheidet sich JobSearch von der gängigen Initiativbewerbung sehr deutlich: Der strategische Ansatz ist grundlegend anders!

Anbieter von Leistung

Bei der Initiativbewerbung ist Ihre »Botschaft« so ähnlich wie bei der klassischen Bewerbung und hört sich ungefähr so an: »Ich finde deinen Laden so attraktiv und toll, dass ich mich gerne für deine Ziele einspannen lassen würde. Ich habe diese und jene Fähigkeiten und Fertigkeiten, bitte überprüfe, ob du in deinem Laden an irgendeiner Stelle Verwendungsmöglichkeiten dafür findest.« Bei JobSearch lautet die Botschaft: »Ich möchte und kann dies oder jenes für dich tun; wenn du Bedarf für diese Art von Leistung hast, lass es mich bitte wissen, damit wir Auftragsverhandlungen führen können.«

JobSearch geht an das Thema Arbeit und Arbeitsleistung heran wie ein Selbstständiger, der seine Dienstleistungen anbietet. Der Jobsearcher ist nicht »Bewerber um eine Arbeit«, sondern »Anbieter von Leistung«. So eine Haltung bekommt man aber nicht durch eine reine Willenserklärung, sondern durch eine andere Vorgehensweise. Um anders als bisher vorzugehen, muss man eine eigene Strategie entwickeln.

Alte Muster vergessen

Die Entwicklung einer solchen Strategie ist vermutlich der schwierigste Teil von JobSearch – aber nicht, weil das intellektuell besonders anspruchsvoll wäre oder weil man dafür besonderes Wissen erwerben müsste. Es ist nur so schwer, sich von der klassischen Bewerberstrategie zu lösen, die uns in Fleisch und Blut übergegangen ist. Bei der Entwicklung einer solchen Strategie stehen uns immer wieder Denk- und Verhaltensmuster im Weg, die über viele Jahre hinweg entstanden sind, sodass man sich ihrer Existenz schon gar nicht mehr bewusst ist. Wer sich von solchen Mustern lösen möchte, muss sie sich überhaupt erst einmal wieder ins Bewusstsein rufen.

Beim JobSearch-Prozess gibt es eine Reihe von Fährnissen und Anfechtungen, die mit großer Wahrscheinlichkeit auf Sie zukommen werden. Gegen diese möchten wir Sie wappnen, damit Sie nicht immer wieder von Denkgewohnheiten und Verhaltensmustern eingeholt und überrumpelt werden. Denkmuster auszuprägen ist ein überaus hilfreicher Mechanismus der Natur. Wenn Sie aber eine neue Strategie entwickeln wollen, sind sie im Wege; also weg damit! Sie können sie später, wenn Ihre neue Strategie erst einmal steht, gerne wieder hervorkramen.

Bei JobSearch sieht sich die Person nicht als »Bewerber um eine Arbeit«, sondern als Anbieter einer Leistung – diese mentale Wende markiert den entscheidenden Unterschied zum klassischen Bewerbungsweg.

Ich-Strategie und Du-Strategie

Wenn in der Zeitung oder im Web eine Stelle ausgeschrieben wird, wird so mancher Interessent erkennen müssen, dass er die Stelle zwar gerne hätte, aber einige Voraussetzungen dafür nicht erfüllt. Er wird sich vielleicht fragen, warum denn immer die »Stelle« das Maß aller Dinge ist und warum sich der Mensch nach den Anforderungen der Stelle richten muss und nicht die Stelle nach den Voraussetzungen und Fähigkeiten des Menschen.

Das Maß aller Dinge »Aufgabe der Stellenbildung ist es«, so sagt die *Allgemeine Betriebswirtschaftslehre* von Thommen / Achleitner (auf Seite 812), »die Vielzahl der (aus der Aufgabenanalyse gewonnenen) Aufgaben so auf Stellen zu verteilen, dass dadurch eine zweckmäßige Organisation entsteht, welche die Beziehungen zwischen den Stellen innerhalb des Unternehmens und zwischen dem Unternehmen und der Umwelt optimal gestaltet. Damit werden die organisatorischen Voraussetzungen geschaffen, um die Unternehmensziele möglichst effizient zu erreichen.«

Ziele der Organisation Ob dies in der Praxis wirklich immer so geschieht, sei einmal dahingestellt. Entscheidend ist, dass die Stellenbildung ihren Ausgangspunkt immer in den Zielen der Organisation hat oder hatte. Ein Vorgesetzter, also zum Beispiel ein Abteilungsleiter, hat zwar

Einfluss auf die Stellengestaltung in seinem Verantwortungsbereich und er wird, wenn er clever ist, seinen Gestaltungsspielraum nutzen – beispielsweise um die Stellen an die Fähigkeiten seiner Leute anzupassen oder um eigene fachliche Defizite ohne Gesichtsverlust kompensieren zu können oder um die Zahl der Konflikte auf ein ihm genehmes Maß zu reduzieren. Aber was auch immer er tut, er verfolgt dabei stets einen Zweck. Er wird dabei, wenn ihm sein Job lieb ist, im Auge behalten, welche Ziele und Zwecke sein direkter Vorgesetzter oder dessen Vorgesetzter verfolgt. Er wird stets daran denken, welche Erwartungen diese an ihn haben.

Im wirtschaftlichen Umfeld geht es in der Regel um Ergebnisse. Das können Stückzahlen sein, Deckungsbeiträge, reduzierte Kosten, beschleunigte Durchlaufzeiten oder sonst wie physikalisch messbare Größen. Das können aber auch »weiche Faktoren« sein, die nicht oder nur mittels Hilfsgrößen gemessen werden können, wie zum Beispiel ein gutes Betriebsklima – gemessen in niedriger Fluktuation und niedrigem Krankenstand. Innovation und Kreativität ließen sich an der Zahl der Patentanmeldungen oder an der Alterszusammensetzung des Produktportfolios messen und die Kundenzufriedenheit an der Zahl der Reklamationen. Ein Ziel ist immer da, mindestens eins. Aber dieses grundlegende Ziel ist nie das persönliche Einzelziel eines Mitarbeiters.

Unternehmensziele ungleich Mitarbeiterziele

Nichts geschieht ohne Zielsetzung, und ohne Zielsetzung geschieht nichts, auch wenn vielen an diesem »Spiel« Beteiligten nicht so recht klar sein sollte, worin die Zielsetzung letztlich besteht. Wer im Rahmen einer Organisation erfolgreich sein möchte, sollte die formalen und informalen Ziele der Organisation, die ihn bezahlt, gut kennen.

> **Die Ziele des Unternehmens sind nicht deckungsgleich mit den persönlichen Einzelzielen der Mitarbeiter, aber sie sind relevant für den Weg in das Unternehmen und den Weg des Einzelnen im Unternehmen. Man sollte sie also kennen.**

Das tut aber kaum jemand, selbst auf den mittleren Führungsebenen nicht. Das liegt nicht daran, dass gerade wieder »die nächste

Kenntnis der Unternehmensziele

Sau durchs Dorf gejagt wird« – sprich: schon wieder eine neue Managementmode verfolgt wird, die noch niemand versteht. Das liegt auch nicht daran, dass Unternehmensziele immer nur in gestelzten PR-Floskeln kommuniziert werden, die niemand außer den Verfassern zu entschlüsseln vermag. Das liegt wohl eher daran, dass der Mensch eine sehr feine Sensorik für das Verhalten seiner Mitmenschen, insbesondere seiner Vorgesetzten, hat, mit dem Ergebnis, dass es gar keiner verbalen Kommunikation bedarf.

Ohne Worte Unternehmensziele werden, so sehen wir das, nonverbal zur ausführenden Ebene hin kommuniziert. Die Ziele brauchen nicht systematisch »nach unten durchgetragen zu werden«, wie es so schön heißt, die sind dort bereits angekommen, bevor man sie druckreif ausformuliert hat. Dass ihr Vorgesetzter »Druck« von seinem Vorgesetzten bekommt, dass sich »der Wind gedreht hat«, dass der Wettbewerb härter, die Luft »dünner« wird, all das bemerken die Mitarbeiter lange, bevor in der Firmenzeitschrift oder aus der Presse irgendetwas zur Neuausrichtung des Unternehmens verlautet. Eine wie auch immer geartete Zielsetzung ist also ständig »da«, auch wenn sie gar nicht öffentlich verkündet wird, und sie entfaltet ihre Wirkung, auch wenn die Wirkung eine völlig andere sein sollte als die offiziell erwünschte.

Ziele werden gelebt Die Ziele müssen nicht kommuniziert werden, sie werden »gelebt« – von oben nach unten. Wenn es bei der Führung eine Diskrepanz zwischen »propagierten« und »gelebten« Zielen gibt, dann wird das sofort verstanden (über die Intuition, sie ist schneller als der Verstand) und entsprechend auf die eigene Arbeitssphäre übertragen – im positiven wie im negativen Sinne. Die Mitarbeiter und Führungskräfte einer Organisation sind also aufs Engste mit den Zielen des Unternehmens verbunden, wobei die Verbindung eines Mitarbeiters oder einer Führungskraft zu den Unternehmenszielen positiv, neutral oder negativ sein kann. Unternehmensziele werden also nicht nur »gelebt«, sie werden auch »durchlitten«. Diese negative Bindung an die Unternehmenszielsetzung ist möglicherweise noch viel intensiver als die positive, weil sie in der Regel eine Fülle mentaler und physischer Probleme mit sich bringt.

Die Unternehmenskultur ist nichts anderes als die Manifestation von Unternehmenszielen in Verhalten, Ritualen, Symbolen, Organisationsstrukturen und -abläufen. Da können durchaus sehr viele sehr unterschiedliche Schichten übereinander liegen. Die unteren Schichten sind dann Ursache dafür, dass eine neue Schicht, die darübergelegt wird, nicht immer zu der Oberflächenstruktur führt, die eigentlich beabsichtigt ist. Die Mitarbeiter werden – sofern sie es nicht bei einem »Kurzgastspiel« bewenden lassen – immer von der Kultur eines Unternehmens geprägt, mehr als ihnen bewusst ist. Erst wenn die Verbindung zwischen ihnen und ihrem Arbeitgeber gekappt ist, entdecken viele Arbeitnehmer das Vorhandensein dieser Bindung und den enormen Stellenwert, den sie für ihr Leben hatte und hat.

Unternehmensziele müssen meist nicht verbal kommuniziert werden, sie werden intuitiv erkannt und gelebt und bilden das, was ein Unternehmen ausmacht: seine Kultur.

und die widersteht mir?

Ist das Arbeitsverhältnis beendet, ist in der Regel auch die Zielsetzung dahin. Die Rat- und Mutlosigkeit, die viele Menschen in einer solchen Situation befällt, resultiert nicht nur aus dem Verlust des Jobs, sondern auch aus dem Verlust des Zieles und der Orientierung. Viele Menschen kennen in dieser Situation nur ein einziges »Ziel«: sich schnellstmöglich wieder auf ein neues Firmenziel auszurichten, egal welches. Eine eigene Zielsetzung zu entwickeln, kommt ihnen nicht in den Sinn; sie wüssten nicht, wozu das gut sein soll.

Voraussetzung für JobSearch ist eine eigene persönliche Zielsetzung. Ohne Zielsetzung würde es dem nachfolgenden Suchvorgang an Systematik fehlen. Ohne diese Zielsetzung wäre JobSearch nichts anderes als eine ganz normale, brave Initiativbewerbung. Für JobSearch brauchen Sie eine eigene Zielsetzung, eine eigene Strategie. Es ist allerdings nicht immer so einfach zu erkennen, dass und in welchem Umfang eine Zielsetzung tatsächlich eine eigene ist – und nicht etwa die in Fleisch und Blut übergegangene Zielsetzung des bisherigen Arbeitgebers.

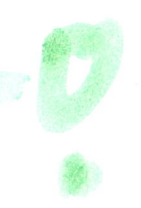

Sie werden in den nachfolgenden Kapiteln etliche Tipps und Tricks kennenlernen, wie Sie sich den verdeckten Stellenmarkt

Unternehmenskultur

Verlust von Orientierung

Eigene Zielsetzung als Voraussetzung

Zielsetzung ungleich Strategie

erschließen und Ihrer Karriere einen positiven Dreh geben können. Alle diese Informationen werden jedoch ins Leere laufen und nutzlos bleiben, wenn es Ihnen nicht gelingt, an die Stelle einer Firmenstrategie eine eigene persönliche Strategie zu setzen. Wir sprechen hier ganz bewusst von »Strategie«, und nicht mehr von »Zielsetzung«, weil »Strategie« eines der beliebtesten Wörter im Geschäftsleben ist und weil dieser Begriff den meisten Menschen leicht über die Lippen geht (obwohl meist Strategie gesagt wird, wenn eigentlich Taktik gemeint ist).

Strategie = Kriegskunst

Strategie heißt »Kriegskunst« und ist in diesem Zusammenhang eigentlich eine denkbar unpassende Metapher. Schließlich wollen Sie niemanden bekämpfen, Sie wollen jemanden für sich einnehmen, Sie wollen jemanden erobern. Beim Erobern kann taktisches Geschick und Strategie nicht schaden; also gilt: Wir reden im Folgenden von »persönlicher Strategie«, wenn »persönliche Zielsetzung« gemeint ist.

> **Die Entwicklung einer persönlichen Strategie ist die erste und wichtigste Bedingung für den JobSearch-Prozess.**

So mancher unserer Probanden, dem wir angekreidet haben, dass er über keine eigene Strategie verfüge, hat geantwortet: »Was wollen Sie eigentlich, ich habe doch eine Strategie; eine sehr kundenorientierte sogar: Ich richte mich ganz nach den Wünschen des Arbeitgebers.«

Du-Strategie = Hochstapelei

Dieser Mensch hat tatsächlich eine Strategie – die Strategie, sich jeweils auf seinen Arbeitgeber einzustellen –, aber letztlich keine eigene. Wir nennen seine Strategie die »Du-Strategie«, weil sie darauf hinausläuft, sich nach folgender Maxime zu verhalten: »Sag du mir, was du von mir erwartest, und ich werde dann versuchen, deinen Anforderungen gerecht zu werden.« Bei der klassischen Bewerbungsprozedur wird daraus dann häufig dieses Verfahren: »Sag du mir, was du von mir erwartest, und ich tue so, als könnte ich all deine Erwartungen erfüllen.« Das ist dann allerdings keine Strategie, sondern Hochstapelei.

Etliche unserer Mandanten glauben, das Videotraining, das sie zur Vorbereitung von Vorstellungsgesprächen im Rahmen unserer Coaching-Programme absolvieren, sei eine Sonderform des Schauspielunterrichts. Diese Annahme ist zwar falsch, aber letztlich wäre es konsequent, Schauspielunterricht zu nehmen, um eine so geartete Strategie zu verfolgen. Wer es mit der Du-Strategie so weit treibt, darf sich natürlich nicht wundern, wenn er beruflich laufend »auf die Nase fällt«.

Man geht als guter Schauspieler möglicherweise häufiger als andere siegreich aus »Bewerbungsschlachten« hervor, aber leider muss man die Suppe, die man sich damit eingebrockt hat, später auch auslöffeln. Das ist besonders bitter, wenn man sich durch seine Schauspielerei einen Job an Land gezogen hat, der so gar nicht zu den eigenen Fähigkeiten und Neigungen passen will. Von diesem kurzsichtigen Bewerbungsverhalten einmal abgesehen, hat die Du-Strategie aber nichts Verwerfliches; sie ist tatsächlich »kundenorientiert«, und sie funktioniert – nur eben nicht im verdeckten Stellenmarkt.

> **Die Du-Strategie basiert auf dem Anbieten der eigenen Fähigkeiten und Talente zugunsten des potenziellen Arbeitgebers. Sie funktioniert zwar im offenen, nicht aber im verdeckten Stellenmarkt.**

Das, was im verdeckten Stellenmarkt funktioniert, ist die »Ich-Strategie«, wie wir sie der Einfachheit halber in unserem internen Sprachgebrauch nennen: »Ich entscheide, welche Art von Arbeit ich dem Arbeitsmarkt zukünftig zur Verfügung stellen möchte, und biete dann genau diese Arbeitsleistung aktiv im Markt an – nachdem ich zuvor geprüft habe, ob es für diese meine Leistung überhaupt eine Nachfrage zu dem Preis gibt, der mir vorschwebt.«

Wir haben Hunderten von Menschen in Seminaren, Einzelcoachings und Videotrainings beizubringen vermocht, wie sie im Vorstellungsgespräch eine gute Figur machen, ohne sich dabei zu verbiegen oder gar selbst zu verleugnen. Wir haben es jedoch längst nicht in alle Köpfe hineinbekommen, weshalb für Job-Search eine eigene Strategie erforderlich sein sollte. Man kann – an dieser Erkenntnis führt kein Weg vorbei – seine eigene Arbeitsleistung nur dann aktiv, initiativ und zielgerichtet vermark-

ten, wenn man selbst eine klare Vorstellung davon hat, welche Art von Arbeit man an welcher Stelle tun möchte. Die meisten arbeitenden Menschen kommen von sich aus nicht auf die Idee, mit dieser Sichtweise an sich und die Vermarktung der eigenen Arbeitsleistung heranzugehen, und wenn man ihnen diese Idee vorträgt, finden sie sie zunächst einmal eher befremdlich.

Die eigene klare Vorstellung davon, welche Art von Arbeit man wo tun möchte, ist die Voraussetzung für die Herausbildung einer brauchbaren Ich-Strategie.

Unsere Haltung zur Arbeit

Das wiederum finden wir sehr erstaunlich. Das »Lohnverhältnis«, in dem Millionen von Menschen heute arbeiten, ist nur wenige Generationen alt. Es gibt diese Struktur im Wesentlichen erst seit dem Beginn der Industrialisierung, also seit rund 250 Jahren. Ein paar Generationen haben offenbar genügt, die »Lohnarbeit« der meisten heute Berufstätigen als die natürlichste, ja geradezu gottgegebene Form der wirtschaftlichen Daseinsberechtigung zu betrachten. Die Vorstellung, Arbeit müsse vor allem auf diese und keine andere Art und Weise organisiert und gleichmäßig »verteilt« werden und der arbeitende Mensch müsse sich wohl oder übel an die Wünsche seines Arbeitgebers anpassen, scheint bereits wie genetisch verankert zu sein. Dazu passt die folgende Geschichte aus dem Familienkreis der Autoren:

Meine herzensgute Mutter – Mitte achtzig, von Beruf überwiegend Hausfrau und Mutter – sagte kürzlich zu mir: »Junge, wenn du zu Firma XY gegangen wärest« (an die Stelle von XY muss man den Namen des mittelständischen Anlagenbauers setzen, für den mein Vater mehr als 20 Jahre tätig war), »hättest du auch dort deinen Weg machen können.« »Dann hätte ich aber nicht das tun können, was mir immer vorschwebte«, war meine Antwort. Worauf sie wiederum sagte: »Die hätten dir schon gesagt, was das Richtige für dich gewesen wäre!« Ist das die angestaubte, weltfremde Ansicht unserer Eltern- und Großelterngeneration? Mitnichten! Diese Ansicht ist Allgemeingut. Das ist Du-Strategie in Reinkultur.

Als junger Personalberater hatte ich vor vielen Jahren einmal die Gelegenheit, mich und meine Dienstleistung beim Director

Human Resources eines namhaften internationalen (nicht deutschen) Markenartikelunternehmens vorzustellen. Nachdem ich ihm ausführlich und voller Stolz erläutert hatte, was für tolle Kandidaten ich für ihn und seinen Konzern aus dem Hut zaubern könne, sagte er nur lapidar: »Es würde vollkommen ausreichen, junger Mann, wenn Sie uns vielversprechende Leute ranschaffen, entwickeln tun wir die schon selber.« Das ist nun bereits eine Weile her und ich dachte, diese Denke sei durch die endlosen Freisetzungswellen der Großkonzerne und den damit verbundenen Glaubwürdigkeitsverlust längst obsolet. Von wegen! Erst vor wenigen Jahren hörte ich denselben Satz aus dem Mund eines Personalverantwortlichen bei einer der großen Wirtschaftsprüfungsgesellschaften. Meine siebenundachtzigjährige Mutter ist mit ihrer Feststellung, dass es Sache der Unternehmen sei, sich ihre Leute so zu formen, wie sie es gerade brauchten, also durchaus noch auf der Höhe der Zeit. Die Vorstellung, die eigene Entwicklung nicht dem Arbeitgeber zu überlassen und seine Arbeitskraft aktiv und initiativ im Markt anzubieten, wie es jeder Selbstständige und Freiberufler tut, ist vielen Menschen noch immer überaus fremd.

Zum Glück, könnte man auch sagen. Denn vielleicht ist dies ein nicht unwesentlicher Teil unseres Erfolges mit JobSearch: Die wenigen Menschen, die es sich zutrauen, sich und ihre Arbeitsleistung in Eigeninitiative zu vermarkten, treffen im verdeckten Stellenmarkt auf relativ wenige Wettbewerber. Wäre JobSearch die gängige und übliche Form, sich einen neuen Job zu verschaffen, sähe die Wettbewerbssituation möglicherweise deutlich anders aus.

JobSearch bietet demjenigen, der diesen Prozess wagt, eine reelle Chance, sich positiv vom Kreis der Wettbewerber abzuheben.

Die Formulierung einer Ich-Strategie kann überaus simpel sein, so simpel, dass man dafür das bedeutungsschwangere Wort »Strategie« beiseitelässt und lieber zu dem Begriff zurückkehrt, den wir zu Beginn des Kapitels fallen gelassen haben: Zielsetzung.

Formulierung der Ich-Strategie

Wenn Sie zum Beispiel Personalchefin eines 200-Mitarbeiter-Unternehmens der Fertigungsindustrie sind und Sie jetzt den Sprung in einen Fertigungsbetrieb mit mindestens 500 Beschäftigten wagen wollen, dann brauchen Sie keine Zielsetzung zu entwickeln. Sie besitzen bereits eine: Sie wollen das, was Sie haben, nur eine Nummer größer. Dazu bedarf es keiner ausgiebigen Nabelschau. Sie müssen sich nur klar darüber sein, dass Sie die größere Verantwortung als Lust und nicht als Last empfinden werden. Außerdem müssen Sie Ihrer Zielgruppe genügend Hinweise dafür liefern, dass Sie dieser Aufgabe gewachsen sein könnten – fertig. »Rücken Sie vor bis Kapitel 7, gehen Sie nicht über Los, ziehen Sie keine 2000 Euro ein« oder so ähnlich würde es bei Monopoly heißen. In Kapitel 7 erfahren Sie, wie Sie sich Ihre Zielgruppe zusammenstellen und diese dann systematisch »abarbeiten«.

Wollen und müssen Sie erst noch eine eigene Strategie entwickeln, ist es sinnvoll und notwendig, sich zunächst sorgfältig mit sich selbst zu beschäftigen.

Talente und Talentfehleinschätzungen

Welche Talente haben Sie? Wenn Sie ein »Inseltalent« sind beziehungsweise haben, wird Sie die Beantwortung der Frage nach Ihren Talenten vor keine größeren Probleme stellen. In jedem anderen Fall schon.

Inseltalent Das Inseltalent verfügt über ein oder zwei herausragende Talente, die sich (wie eine Insel von der umgebenden Wasseroberfläche) deutlich abheben. Gehören Sie also zu diesen Inseltalenten, dann wird das Ihnen und Ihrem Umfeld seit Längerem bekannt sein. Sie waren dann zum Beispiel schon mit zwölf Jahren Stadtmeister im Synchronschach, oder Sie haben in diesem Alter die Schulferien dazu genutzt, Ihre erste Oper zu komponieren oder das Telefonbuch von Düsseldorf auswendig zu lernen. Das Thema JobSearch wird Sie dann vermutlich wenig interessieren, denn Sie werden ständig irgendwelchen Menschen begegnen, die tolle Ideen haben, was Sie mit sich und Ihren Talenten alles anstellen könnten.

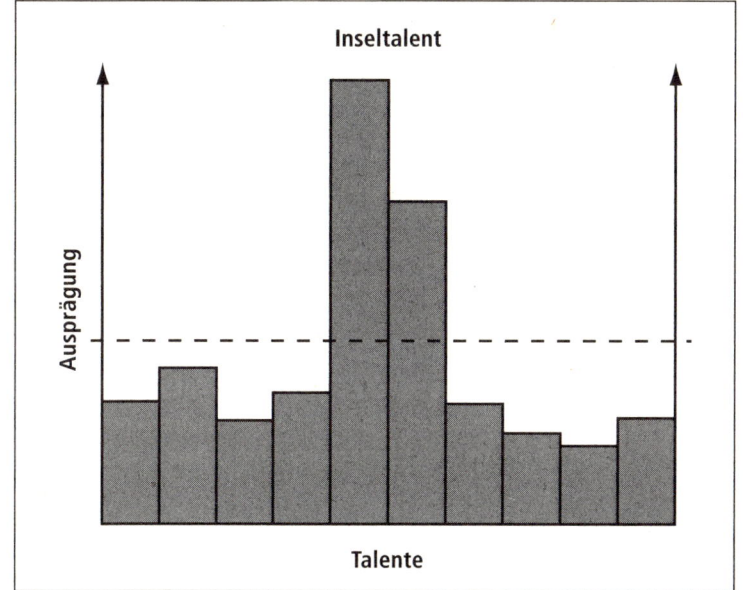

Inseltalent

Ausprägung

Talente

Inseltalent

Sind Ihre Talente etwas breiter gestreut, wird es schon unübersichtlicher. Gehören Ihre Talente in den Bereich der Schulfächer, die jedes Jahr für die Versetzung entscheidend waren, dann wird deren Identifikation nicht besonders schwierig sein. Die Rede ist von Talenten, die anhand guter Noten in den Hauptfächern sichtbar werden. Waren Ihre Noten zum Beispiel in Deutsch oder Mathematik permanent überdurchschnittlich, kann man vermutlich davon ausgehen, dass Sie gewisse Stärken im Sprachlichen oder im Mathematischen haben. Dauerhaft positive Leistungen sind ein klares Signal für das Vorhandensein einer gewissen Begabung.

Schulnoten als Indiz

Allerdings ist die Abwesenheit dauerhaft positiver Leistungen kein eindeutiger Hinweis für die Abwesenheit eines Talentes. Die Sympathie zu einem Lehrer oder einer Lehrerin beflügelt das Interesse an einem Schulfach, Antipathie bremst den Lerneifer und führt mitunter dazu, dass das vorhandene Potenzial nicht zur Entfaltung kommt. Man kann bestimmte Stärken oder Talente haben, ohne dass dies an den korrespondierenden Schulnoten ablesbar wäre; prominente Beispiele hierfür gibt es in großer Zahl.

Für die Noten in den Nebenfächern gilt dasselbe: Permanent über-durchschnittliche Noten geben einen deutlichen Hinweis auf das Vorhandensein eines gewissen Talentes. Wenn Sie musikalisch oder künstlerisch begabt sind, wenn Sie Bewegungstalent haben und sehr sportlich sind, wird das früher oder später in Ihr eigenes Blickfeld oder in das Ihrer Lehrer rücken. Allerdings werden Sie in diesem Zusammenhang auch feststellen, dass die genannten Talente eine andere Wertschätzung genießen – eine geringere, was schon daran ablesbar ist, dass sie weniger entscheidend für die Versetzung sind. Auch für das allgemeine Vorwärtskommen im Beruf misst man ihnen weniger Bedeutung bei. Sie dürfen abgrundtief unmusikalisch und völlig unsportlich sein – aber die Grundrechenarten müssen Ihnen geläufig sein, und das Schreiben und Lesen zusammenhängender Sätze müssen Sie beherrschen, wenn Sie es im Leben »zu etwas bringen wollen« – so jedenfalls die gängige Meinung in unserem Kulturkreis.

> **Es gibt viele verschiedene Arten von Talenten, die**
> **auch im Berufsleben je nach Ansehen eine ganz unter-**
> **schiedliche Rolle spielen können.**

Es gibt Talente erster Klasse und Talente zweiter Klasse – und es gibt Talente, die spielen an der Schule gar keine Rolle. Sie sind weder Gegenstand des Lehrbetriebes noch der Benotung. Welche Talente der ersten und welche der zweiten Klasse zuzurechnen sind (und welche völlig ausgeblendet werden), darüber entscheiden in den ersten ein oder zwei Lebensjahrzehnten des Menschen die Lehrer – Grund- und Hauptschullehrer, Berufsschul-, Realschul- und Gymnasiallehrer, Hochschul- und Fachhochschullehrer. Später, nach dem Ende der formalen Ausbildung, entscheiden dann auch Arbeitgeber und die Käufer von Produkten oder Dienstleistungen darüber, welchen Stellenwert Ihre Talente haben. An die Stelle der Benotung tritt die Bezahlung. Gefragte Talente werden gut bezahlt, weniger gefragte Talente werden weniger gut bezahlt. Eigentlich ganz einfach.

Vonseiten der »Wirtschaft« wird häufig nach Talenten gesucht, die an der Schule wenig oder keine Beachtung fanden. Damit hätten wir neben der ersten und der zweiten eine dritte Klasse von Talenten. Der Begriff »Talent« hat also längst nicht in jeder

Lebenssphäre dieselbe Bedeutung; es gibt noch nicht einmal Konsens darüber, was als Talent zu betrachten ist.

Die Autoren des »Strengthsfinder« – einer Art Persönlichkeitstest, von dem ab Seite 87 noch die Rede sein wird – definieren Talent als ein »von Natur aus vorhandenes Denk-, Gefühls- oder Verhaltensmuster«. Vielleicht sollte man einmal Dieter Bohlen befragen, der ja neben seiner Funktion als Prominenter ein überaus erfolgreicher Komponist und Interpret von Unterhaltungsmusik ist, ob er sich und seine Talente in einer solchen Definition wiederfindet. Wir fürchten, das klappt nicht, was weniger an Dieter Bohlen als an der Definition liegen dürfte. Aber nicht die Definition des Strengthsfinder ist problematisch. Es ist vielmehr der Umstand, dass viele der in der Praxis sehr geschätzten Talente an Schulen und Hochschulen zwar durchaus in Erscheinung treten, aber nicht Gegenstand der Beurteilung und schon gar nicht Gegenstand der Schulung oder Förderung sind. Das gilt insbesondere für die meisten »Beziehungstalente«.

Nicht nur die Schule misst ihnen wenig Bedeutung bei, auch die Wissenschaft verhält sich so. Keine der dafür zuständigen Disziplinen, egal ob Geistes-, Sozial- oder Erziehungswissenschaft, hat bisher eine brauchbare, allgemein anerkannte, nuancierte Nomenklatur für diesen überaus wichtigen Aspekt des menschlichen Zusammenwirkens entwickelt.

Beziehungs-talente

Beziehungstalente spielen weder in der Ausbildung noch in der Betrachtung der Wissenschaft eine bedeutende Rolle – obwohl sie für das menschliche Zusammenleben von so großer Bedeutung sind.

Immerhin darf man heute einen Begriff wie »Beziehungsintelligenz« verwenden, ohne strafende Blicke von wissenschaftlicher Seite auf sich zu ziehen. Die »Intelligenz« hat vor ein paar Jahren Nachwuchs bekommen. Mit dem Begriff »emotionale Intelligenz« hat sich unser Verständnis von Intelligenz ein wenig erweitert. Hinzugekommen sind dank Daniel Goleman, einem amerikanischen Psychologen, die folgenden Bestandteile:

Emotionale Intelligenz

- Selbstbewusstheit: die Fähigkeit eines Menschen, seine

Stimmungen, Gefühle und Bedürfnisse zu akzeptieren und zu verstehen, und die Fähigkeit, deren Wirkung auf andere einzuschätzen

- Selbstmotivation: die Begeisterungsfähigkeit für die Arbeit, sich selbst unabhängig von finanziellen Anreizen oder Status anfeuern zu können
- Selbststeuerung: das planvolle Handeln in Bezug auf Zeit und Ressourcen
- Soziale Kompetenz: die Fähigkeit, Kontakte zu knüpfen und tragfähige Beziehungen aufzubauen, gutes Beziehungsmanagement und Netzwerkpflege
- Empathie: die Fähigkeit, emotionale Befindlichkeiten anderer Menschen zu verstehen und angemessen darauf zu reagieren

Soziale Kompetenz als Sammelsurium

Das ist doch schon mal was. Aber besonders hilfreich ist es nicht. Man kann nur hoffen, dass dies nicht das letzte Wort der Psychologen sein wird. Ein Begriff wie »soziale Kompetenz« für einen so zentralen und weitreichenden Sachverhalt wie den der menschlichen Interaktion im sozialen und wirtschaftlichen Umfeld erscheint nach wie vor äußerst dürftig. Solange wir sprachlich nicht über simple Chiffren wie »Beziehungstalent«, »Sozialkompetenz« und vielleicht noch »Teamorientierung« hinauskommen, werden wir die interessantesten Teile des menschlichen Potenzials nicht voll erschließen können.

Defizite in der Zeugnissprache

Auch die Wirtschaft leistet keinen nennenswerten Beitrag zum besseren Ausloten der Beziehungstalente. Am deutlichsten wird das wohl an der Zeugnissprache, in der ja auf richterliche Anordnung hin alles noch ein wenig voller sein muss als voll. Über mehr als »hohe Sozialkompetenz« (1,80 Meter? 2,50 Meter oder vielleicht sogar über 3 Meter?) kommt man auch in diesem Biotop der blühenden Fantasie offenbar nicht hinaus. Wenn also etwas besonders hoch oder groß ist, dann ist es nach unserem Eindruck das Unvermögen, Fähigkeiten und Fertigkeiten im zwischenmenschlichen Bereich dingfest zu machen und nuanciert zu beschreiben.

Beziehungstalente: schwer messbar

Als Entschuldigung dafür kann man eigentlich nur gelten lassen, dass es auch für die Wirtschaft schwierig und aufwendig ist, Beobachtungs- und Messmethoden für Beziehungstalente zu entwickeln. Zur Messung der mathematischen Intelligenz bedarf es nur ein paar passender Aufgaben, die der Proband ganz für sich alleine im stillen Kämmerlein durchführen kann. Zur Beobachtung und Messung zwischenmenschlichen Verhaltens bedarf es hingegen mehrerer Personen – Probanden und Beobachter –, wie zum Beispiel im Assessmentcenter. Der Aufwand für ein solches Verfahren ist überaus groß, zumal auch die Beobachter sorgfältig geschult sein müssen. Trotzdem sind die Einsatzmöglichkeiten eines solchen Verfahrens sehr beschränkt. Mehrere Bewerber in ein Assessmentcenter zu »stecken«, ist nur möglich, solange es sich um Berufseinsteiger oder um firmeninterne Wettbewerber handelt. Geht es um berufserfahrene Bewerber, deren Bewerbung mit aller Diskretion behandelt werden muss, ist ein solches Vorgehen ausgeschlossen.

Es ist schwierig, Beziehungstalente zu messen. Das schlägt sich in der Praxis in unzureichenden Bewerbungs- und Bewertungsverfahren nieder.

Im Coaching beklagte sich kürzlich einer unserer Mandanten (wissenschaftlicher Mitarbeiter eines technisch orientierten Forschungsinstitutes), dass er immer nur als »Feuerwehr« eingesetzt würde, wenn Projekte zu scheitern drohten. Er habe auf diese Weise zwar sehr viele interessante Projekte zu leiten, aber wegen der ständig wechselnden Sachthemen gebe es für ihn kaum die Möglichkeit, sich in einem der Sachgebiete wissenschaftlich zu profilieren. **Ein Beispiel aus der Praxis**

Seine Umgebung hatte offenbar auch ohne ausgefeilte Persönlichkeitsdiagnostik erkannt, dass er über ein ganz besonderes Geschick verfügt: Es gelingt ihm immer wieder, geräuschlos und schnell Blockaden zu beseitigen, die entstehen, wenn Projektbeteiligte sich gestritten haben und nicht mehr »miteinander können«. Solche Blockaden treten recht häufig ein, obwohl mittlerweile mindestens 90 Prozent aller in Deutschland berufstätigen Menschen von sich behaupten, »Teamplayer« zu sein. Die Fähigkeit dieses Wissenschaftlers ist nicht darauf beschränkt, zwei oder drei »Kampfhähne« auseinanderzubringen und miteinander zu versöhnen – es dürfen durchaus mehrere Kontrahenten sein; sie dürfen aus unterschiedlichsten fachlichen Disziplinen stammen und sie dürfen sich auf den unterschiedlichen Stufen ideologischer Verbohrtheit befinden. Je komplexer die Situation, desto größer die Herausforderung für den jungen Wissenschaftler.

Ihm selbst war nie zu Bewusstsein gekommen, dass dies ein besonderes Talent, eine besondere Fähigkeit sein könnte, zumal ihn auch niemand aus seiner Umgebung jemals darauf aufmerksam gemacht hatte. Zwar konnte er sich vor (notleidenden) Projekten nicht retten, was ja letztlich ein sehr deutlicher Indikator für seine Fähigkeiten ist, aber es gibt in seinem beruflichen Umfeld nur für wissenschaftliche Ergebnisse Lorbeeren, nicht für das Flottmachen von Projekten.

Wir halten uns für normal

Das Unvermögen, seine Besonderheit zu erkennen, begründete dieser junge Mann übrigens damit, dass seine Lebensgefährtin ähnlich »gestrickt« sei wie er. Für sie beide seien ihre Eigenheiten so selbstverständlich, dass sie niemals auf die Idee gekommen wären, sie als Besonderheit zu betrachten. Mit dieser Feststellung trifft er vermutlich den Kern eines weiteren Wahrnehmungsproblems: Da wir mit unseren Eigenschaften und Fähigkeiten von frühester Jugend an vertraut sind, halten wir sie für selbstverständlich und normal, ohne zu bemerken, dass das in vielen Fällen gar nicht zutrifft. Wenn wir über keine besonders hervorstechenden, auffälligen Einzeltalente verfügen, brauchten wir im Grunde jemanden, der uns den Spiegel vorhält, damit wir uns selbst besser erkennen. Ist uns der Lebenspartner sehr ähnlich, fällt der als »Spiegelvorhalter« aus. Wir müssen uns andere Mitmenschen suchen, die diese Rolle übernehmen könnten.

Natürlich kam dann auch die Frage auf, ob es für den Wissenschaftler Arbeitsbereiche geben könnte, in denen seine Fähigkeiten besser zur Geltung kämen und entsprechend auch besser bezahlt würden. Die Antwort kann nur lauten: Selbstverständlich gibt es sie, und zwar überall dort, wo nicht der Projektinhalt, sondern die Projektdurchführung, also das »Managen« des Projektes, besonders wichtig ist. Und vor allem dort, wo das Scheitern eines Projektes großen Schaden anrichtet. Liefert ein wissenschaftliches Projekt keine besonders aufregenden Erkenntnisse oder bleiben die Ergebnisse hinter den Erwartungen zurück, wird möglicherweise niemand besonders erfreut sein, aber die Aufregung wird sich in Grenzen halten. Wenn man mit der Fähigkeit, Projekte vor dem Scheitern zu bewahren, viel Geld verdienen will, dann muss man sich dort einklinken, wo für das Scheitern satte Vertrags- oder Konventionalstrafen vereinbart werden.

Das leuchtete unserem Mandanten sofort ein. Aber wie, war dann die letzte Frage, kann man eine solche Eigenschaft denn vermitteln – wie bezeichnet man sie am treffendsten? Die Antwort lautet: »Gar nicht, man kann sie nur beschreiben!«

Eigenschaften beschreiben

Manche Talente oder Eigenschaften sind für uns so selbstverständlich, dass wir sie gar nicht mehr als individuelle Stärken wahrnehmen. Macht man sie sich bewusst, kann man sie oft nur beschreiben – eine exakte Bezeichnung gibt es dafür nicht.

Viele Menschen verstehen unter »Talent« Eigenschaften, die sich deutlich von anderen Eigenschaften abheben. Wer »Talent« so definiert, wird allerdings in so manchen Fällen zu der frustrierenden Erkenntnis kommen, keinerlei Talente zu haben. In diese Falle geraten vor allem jene Menschen, die bei der Verteilung der Fähigkeiten besonders gleichmäßig bedacht wurden. »Ich bin einfach nur stinknormal«, sagen sie häufig von sich. Wir fragen dann meistens: »Wäre es Ihnen lieber, wenn Sie bei einigen Eigenschaften und Fähigkeiten zu kurz gekommen wären?« Darauf die erstaunte Antwort: »Nein, wozu sollte das denn gut sein?« – »Dann würden sich einige Ihrer Fähigkeiten deutlicher von den anderen abheben – Sie hätten mehr Talent!«

Talente einschätzen

Eigentlich hätten die Menschen, die gleichmäßig mit Fähigkeiten und Talenten gesegnet sind, allen Grund, ihrem Schöpfer besonders dankbar zu sein. Aber häufig ist das Gegenteil der Fall – sie sind unzufrieden und ratlos. Vermutlich überfordert sie die Vielzahl der Optionen, die ihnen damit gegeben sind.

Vielseitigkeit als Gabe

Das besondere Talent der Menschen, die zwar vielfältig, aber in allen Talenten nur durchschnittlich begabt sind, liegt in ihrer Vielseitigkeit.

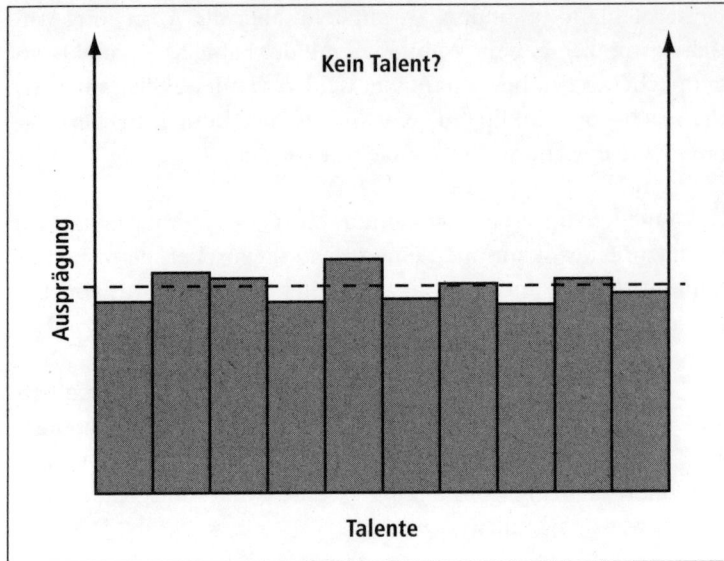

Kein Talent?

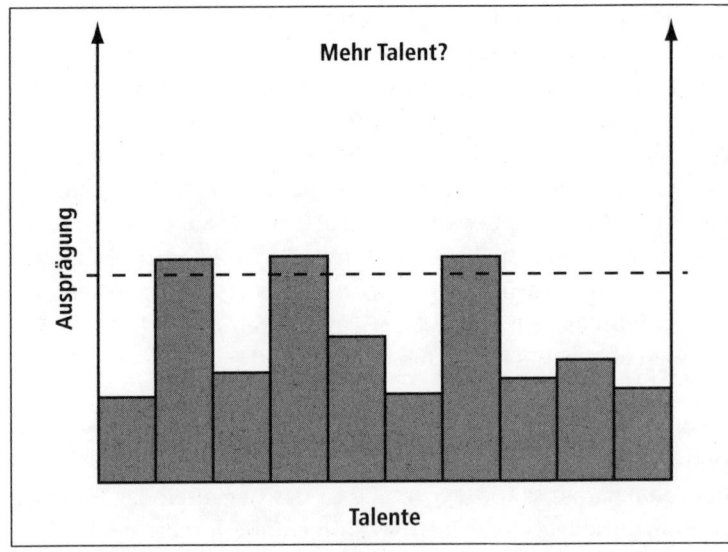

Mehr Talent?

Fazit Eigene Talente zu erkennen ist schwierig. Man wird – insbesondere, wenn man nicht mit »Inseltalenten« gesegnet ist – auch nicht
von seiner Umwelt auf seine Talente aufmerksam gemacht. Talente, vor allem die interpersonellen, sind schwer zu charakterisieren
und nur (umständlich) zu beschreiben.

Den beruflich oftmals wichtigsten Teil unserer Talente – die zwischenmenschlichen Talente – lernen wir häufig erst nach Ausbildung und Studium richtig kennen und schätzen, also dann, wenn wir bereits ein Drittel unseres Lebens hinter uns haben. Wer in einer Umgebung arbeitet, in der seine Talente keine besondere Wertschätzung genießen, kann sich meist auch nicht vorstellen, dass sich daran etwas ändern könnte – dass es an anderer Stelle sogar einen echten Bedarf für die eigenen Talente geben könnte.

Kurz zusammengefasst: Das sind keine besonders guten Voraussetzungen für die Entwicklung einer Ich-Strategie.

Die Stärken-Schwächen-Denke

Ein weiteres Denkmuster, das der Entwicklung einer Ich-Strategie im Wege steht, ist die »Stärken-Schwächen-Denke«. Was ist darunter zu verstehen?

Ein Kandidat, den wir einer Firma im Rahmen einer Führungskräftesuche vorstellten, wurde während des Vorstellungsgespräches gefragt, welche Schwächen er denn habe – wir haben unter den Hunderten von Vorstellungsgesprächen, deren Zeuge wir waren, kaum eines erlebt, in dem diese Frage nicht gestellt worden wäre. Man kann also sicher nicht behaupten, dass sie besonders originell wäre. Umso origineller war die Antwort des Probanden.

Zahl unserer Schwächen

Er sagte, dass er alles, was er nicht oder nicht gut könne beziehungsweise nicht wisse, als Schwäche betrachte. Wenn er sich überlege, wie viele hundert Sprachen und Dialekte er nicht beherrsche, wie viele Musikinstrumente er nicht spielen könne, wie wenig er von Infinitesimalrechnung, Logarithmen und Winkelfunktionen verstehe, wie wenig er über Astronomie, Kernphysik und Pinguine wisse – dann komme er zu dem Schluss, dass die Zahl seiner Schwächen unendlich groß sei. Er könne, falls wirklich gewünscht, jetzt gerne mit der Aufzählung beginnen. Der Interviewer war natürlich verblüfft und geriet völlig aus dem Konzept; kein einziges Wort wollte er mehr über Schwächen hören, und vermutlich wird er auch nie wieder diese dämliche Frage gestellt haben.

Auf Stärken fokussieren

Der Kandidat hat vollkommen recht – die Zahl unserer Schwächen ist unendlich groß. Das ist der Grund, weshalb Sie sich nicht auf Ihre Schwächen fokussieren sollten. Schwächen sind gestrichen – die JobSearch-Strategie interessiert sich nicht dafür. Machen Sie sich eines klar: Schwächen sind nicht das, was Sie haben, sondern das, was andere an Ihnen vermissen – und das kann Ihnen, je nachdem, wer der andere ist, ziemlich egal sein.

> **Lassen Sie das Nachdenken über etwaige persönliche Schwächen bei der Herausbildung Ihrer Strategie außen vor und ordnen Sie sie richtig ein.**

Schwächen verschwinden lassen

Moment mal, werden Sie jetzt vielleicht sagen, so einfach kann man die Schwächen ja wohl nicht unter den Tisch fallen lassen, schließlich wird man mit dem Thema immer wieder konfrontiert, ob man will oder nicht. Nun gut, dann zeigen wir Ihnen einen kleinen Zaubertrick, mit dem Sie Ihre Schwächen verschwinden lassen können – einen Trick, der Ihnen auch helfen wird, aus Ihren tatsächlichen oder vermeintlichen Schwächen die richtigen Schlüsse für Ihre berufliche Zukunft zu ziehen.

Lassen wir die Schwächen beiseite, die in Wissenslücken oder in der mangelnden Beherrschung geforderter Fertigkeiten liegen – reden wir also nicht über Ihr Englisch oder Ihre lückenhaften Kenntnisse des Bürgerlichen Gesetzbuches, sondern über »persönliche« Schwächen. Damit sind jene Eigenschaften gemeint, die Ihnen von Mitmenschen, Kollegen und Vorgesetzten immer mal wieder vorgeworfen werden: »Seien Sie doch nicht immer so kleinlich«, »Nun seien Sie doch nicht so unflexibel«, »Sie müssten mehr aus sich herausgehen, hauen Sie doch einfach mal auf den Tisch!«, »Sie müssen Ihre Mitarbeiter mehr an die Kandare nehmen und schärfer kontrollieren.« So oder so ähnlich lauten solche Vorwürfe.

Kleinlich = nicht großzügig

Nehmen wir, um zu erkennen, wie man solche Vorwürfe positiv für sich nutzen kann, gleich das erste Beispiel: »Seien sie doch nicht immer so kleinlich.«

Dazu malen wir eine Skala, die von minus 1 auf der linken Seite bis plus 1 auf der rechten Seite reicht.

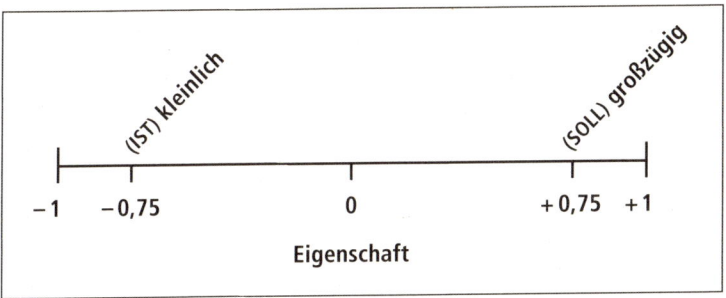

Nennen wir die Skala »Eigenschaft«. Dort tragen wir Sie zum Beispiel mit dem Wert minus 0,75 ein und schreiben darüber »kleinlich«, weil viele Kollegen und auch Ihr Vorgesetzter der Meinung sind, wenn man im Service arbeite und kundenorientiert sein wolle, dürfe man nicht immer so pingelig sein. Es ist überhaupt nicht wichtig, wo Ihr Wert nun genau anzusetzen wäre – entscheidend an einer »persönlichen Schwäche« ist, dass Ihre Mitmenschen, Kollegen, Vorgesetzten der Meinung sind, Ihr Verhalten sollte besser auf der gegenüberliegenden Seite der Skala liegen; also tragen wir das Wünschenswerte bei plus 0,75 ein. Die zugehörige Eigenschaft, die man damit von Ihnen erwartet, wäre zum Beispiel »großzügig«. Man will also, dass Sie großzügig sind, und nicht kleinlich.

Sie selbst wissen nun genau, was man von Ihnen erwartet, und reißen sich deshalb auch immer wieder zusammen. Aber nach einiger Zeit werden Sie feststellen, dass es trotz Ihrer Bemühungen nicht so funktioniert, wie es sollte – man ist nach wie vor unzufrieden mit Ihrem Verhalten. Aber zum Glück haben Sie einen wohlmeinenden Vorgesetzten, und der hat sich mit der Personalentwicklung zusammengesetzt, um zu überlegen, was man für Ihre Persönlichkeitsentwicklung tun könne: Man entscheidet sich, Sie zu einem der Seminare von Herrn Dr. Anti-Pingel, einer Koryphäe auf dem Gebiet des »Personnel Change Management« zu schicken. Der Erfolg ist frappierend, Sie können es selbst kaum glauben. Nach ein paar Tagen Seminar und ein paar Wochen täglichem Training haben Sie zur Zufriedenheit aller Beteiligten aus einer Schwäche eine Stärke gemacht. Sie sind jetzt nicht mehr kleinlich, Sie sind jetzt großzügig.

Zu großzügig = ??? Leider muss die Serviceabteilung aus wirtschaftlichen Gründen ein paar Wochen später outgesourced werden, eigentlich müsste man Ihnen kündigen, aber man ist bereit, Sie in der Buchhaltung des Unternehmens weiterzubeschäftigen. Prima. Das kommt Ihnen durchaus entgegen. Allerdings funktioniert das nicht wie erwartet; schon bald gibt es erste Klagen. Man ist in der Abteilung mit Ihrer Arbeitsweise unzufrieden. Wie lautet der Vorwurf? Sie seien ziemlich schlampig und ungenau. Aha. Und da uns die Skala von minus 1 bis plus 1 schon einmal gute Dienste geleistet hat, nehmen wir sie ein weiteres Mal zu Hilfe und tragen Sie diesmal bei + 0,75 ein, weil Sie sich dank des Seminars und Ihres unermüdlichen Einsatzes bis an diesen Wert herangearbeitet haben; wir schreiben an diesen Wert allerdings nicht das Wort »großzügig«, sondern »schlampig und ungenau«; denn genau so empfindet man in der Buchhaltung Ihre Arbeitsweise.

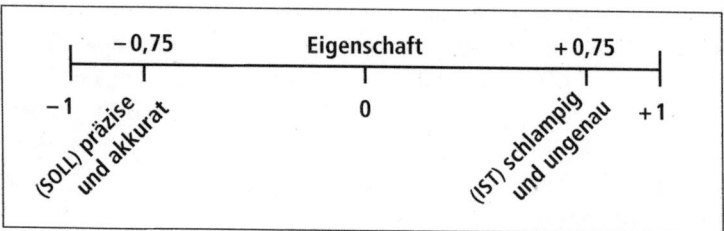

Man beschwert sich über Sie und möchte nun, dass sich Ihr Wert genau auf der gegenüberliegenden Seite befindet; also tragen wir auch das ein. Und wie würde man die Arbeitsweise bezeichnen, die man von Ihnen erwartet? Zum Beispiel »präzise und akkurat«. Sie müssten, um den Anforderungen der neuen Abteilung zu genügen, präzise und akkurat arbeiten.

Eigenschaften sind wertneutral Was also ist zu tun? Man könnte Sie auf ein anderes Seminar schicken, diesmal auf das von Frau Dr. Anti-Schlamp – auch sie eine Kapazität auf ihrem Gebiet. Möglicherweise käme aber auch jemand auf die Idee, die beiden Skalen übereinanderzulegen, um eine wichtige, wenn auch triviale Erkenntnis zu gewinnen: Ob

Ihnen Ihre Arbeitsweise beziehungsweise Ihr Verhalten als Stärke oder als Schwäche ausgelegt wird, hängt nicht davon ab, auf welcher Seite der Skala sich der Wert befindet, der Sie am besten charakterisiert. Es ist vielmehr eine Frage der Situation. Es gibt Situationen, in denen diese Eigenschaft als negativ, also als Schwäche empfunden wird, und es gibt Situationen, in denen dieselbe Eigenschaft als positiv, also als Stärke gewertet wird. Unsere Grafik zeigt diesen Sachverhalt für unseren Beispielfall.

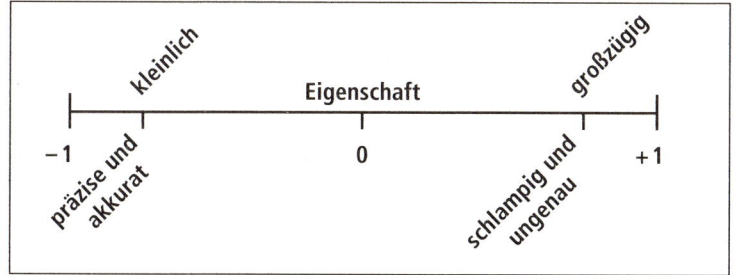

Ob etwas als Schwäche oder, im Gegenteil, als Stärke gewertet wird, hängt von der jeweiligen Situation ab. Diese Erkenntnis nimmt jeder Form von Kritik erst einmal den Stachel.

Diese Erkenntnis hat zwei mögliche Konsequenzen. Entweder ändern Sie sich jedes Mal, sobald die Situation sich ändert – das wäre die Du-Strategie in höchster Vollendung. Oder aber Sie ändern die Situation, in der Ihre Eigenschaften als negativ empfunden werden. Sie entziehen sich dieser Situation und suchen sich, wenn man Ihnen keine anderen Aufgaben gibt, selbst eine andere Aufgabe. **Situationen bewusst wählen**

Natürlich können Sie Ihr Verhalten anpassen und willentlich steuern, natürlich können Sie sich bis zu einem gewissen Grad auf neue Verhältnisse einstellen; aber irgendwann ist Schluss.

Die Spannweite der Verhaltensänderung, mit der Sie noch ganz gut klarkommen, könnte man als Maß der Anpassungsfähigkeit oder Flexibilität bezeichnen. Diese Spannweite dürfte von Mensch zu Mensch variieren (und vermutlich verengt sie sich **Grenzen der Anpassungsfähigkeit** mit zunehmendem Alter). Aber selbst dem Flexibelsten wird es niemals gelingen, beide Gegenpositionen in seiner Persönlichkeit zu vereinen. Kein Coach, kein Seminar, keine Förderungs- oder Entwicklungsmaßnahme ist in der Lage, uns auf beide Seiten der Skala zu befördern. So trivial diese Erkenntnis ist, so häufig wird sie doch ignoriert. Wir gehen mit Ihnen die Wette ein, dass Sie in jeder dritten Stellenanzeige widersprüchliche Anforderungen finden werden. Da werden von ein und derselben Person Eigenschaften und Verhaltensweisen gefordert, die nicht miteinander zu vereinbaren sind.

Bestimmte Funktionen meiden

Stellen Sie sich vor, man überträgt Ihnen eine Funktion, die Teilaufgaben mit stark divergierenden Anforderungen mit sich bringt. Das muss gar nicht aus Böswilligkeit geschehen, eher aus Gedankenlosigkeit oder Naivität. In einer solchen Funktion werden Sie niemals eine wirklich gute Figur machen können, weil Sie für den einen Bereich Eigenschaften benötigen, die Ihnen bei der Wahrnehmung des anderen Bereiches im Wege stehen. Dann ergeht es Ihnen ähnlich wie einem Zehnkämpfer: Wenn er verstärkt in Richtung »Kraft« trainiert, geht ihm möglicherweise »Schnelligkeit« verloren und umgekehrt. Das Ergebnis könnte so aussehen, dass er durch dieses Training seine erreichbare Punktzahl vermindert statt erhöht.

Negativer Stress

Wenn Sie den persönlichen Anforderungen einer Situation nicht gerecht werden, dann bekommen Sie Stress – und zwar negativen. Wenn Sie sich nicht anpassen, bekommen Sie Stress mit den Kollegen und dem Chef. Wenn Sie sich anpassen und Ihr Anpassungsvermögen bis zur Grenze ausreizen oder sogar überziehen, dann bekommen Sie Stress mit sich selbst. Es gibt keine Chance, in einer Aufgabe, die nicht zu Ihnen passt, dauerhaft Leistung zu zeigen. Lassen Sie sich nicht einreden, Sie müssten in solchen Fällen an sich arbeiten. Sie müssen nicht an sich arbeiten, Sie müssen die Konsequenzen ziehen!

> **Die Kunst besteht darin, für sich einen Weg zwischen verweigerter und übertriebener Anpassung zu finden. Beide Extreme machen auf die Dauer unglücklich und verursachen ungesunden Stress. Manchmal ist ein konsequenter Schnitt nötig.**

Dünkel

**Alle Menschen, die Sie erzogen oder auf Ihre persönliche Entwicklung
Einfluss genommen haben, verfolgten Ziele und vertraten gewisse Werte.
Manche dieser Werte werden Sie übernommen haben und als große
Bereicherung empfinden. Es könnten darunter aber auch Vorstellungen sein,
die nicht nur nicht wertvoll, sondern überaus hinderlich für Sie sind.**

Solche hinderlichen Vorstellungen laufen bei uns unter der Rubrik »Dünkel«. Es handelt sich dabei oft um Auffassungen und Glaubenssätze, die darauf abzielen, Ihnen gewisse Dinge für den Rest Ihres Lebens zu »vermiesen«. Hier ein paar typische Beispiele:

Dünkel als Miesmacher

- »In unserer Familie tut man so etwas nicht.«
- »Man macht doch kein Universitätsstudium, um anschließend als Klinkenputzer in die Markenartikelindustrie zu gehen.«
- »Wir sind eine Lehrerfamilie, da kann unser Kind doch nicht Antiquitätenhändler oder Schauspieler werden.«

Dünkel ist eine ganz besonders heimtückische Angelegenheit. Dünkel, der einer Person von Eltern, Großeltern oder Lehrern eingeimpft wurde, sitzt ihr in den Knochen, und oft merkt sie es nicht einmal. Falls doch, wird sie diesen Dünkel nicht als beflügelndes Element empfinden, sondern als »Spaßbremse«.

Dünkel als Spaßbremse

Kürzlich saßen wir bei einem Abendessen mit einem sehr sympathischen älteren Herrn am Tisch. Er war pensionierter Richter, und das Gespräch kam auf seinen Sohn, der zwar das erste juristische Staatsexamen gemacht hatte, dann aber ins journalistische Fach gewechselt war. Das empfand jener Herr ganz offensichtlich als bittere Niederlage für seine erzieherischen Bemühungen. Nun aber habe der Sohn sich auch noch entschieden, ins Wirtschaftsressort zu wechseln. Seine Schlussfolgerung blieb zwar unausgesprochen, aber sie stand deutlich im Raum: »Wie kann man sich nur als Jurist mit einem solchen Thema abgeben?!«

Beispiel

Wer kennt sie nicht, die Tabus, die in vielen Familien gepflegt und von Generation zu Generation weitergegeben werden? Sie

Ballast abwerfen

sollten, wenn Sie eine wirkungsvolle Ich-Strategie für sich entwickeln wollen, den einen oder anderen Gedanken auf Ihre Kindheit und Jugend verwenden. Möglicherweise werden Sie einigen Ballast identifizieren können, und Sie sollten sich entscheiden, ihn abzuwerfen.

> **Es ist sinnvoll, Dünkel in der eigenen Geschichte zu identifizieren und einzuordnen. So wird manche Gewohnheit erkannt, von der es sich zu trennen lohnt.**

Motivübertragung

Motive – das ist ein weites Feld. Wir werden Sie noch mehrfach bitten, sich ausgiebig mit Ihren Motiven zu befassen. Wir beschäftigen uns erst einmal mit jenen Motiven, die andere, Ihnen nahestehende Menschen haben. Auch diese spielen in Ihrem Leben eine gewisse oder vielleicht sogar eine erhebliche Rolle, sodass es Ihnen ziemlich schwerfallen wird, sie bei der Entwicklung Ihrer ureigenen Ich-Strategie außen vor zu lassen.

Fremdbestimmung Wir tun in unserem Leben viele Dinge nicht aus eigenem Willen, sondern weil andere es wollen. Wir berücksichtigen bei unserem Tun aber auch häufig die Wünsche, Ziele und Motive von Menschen, die uns besonders nahestehen, obwohl diese das gar nicht explizit von uns erwarten. Setzen Sie sich kurz vor den Fernseher, zappen Sie sich durch alle Programme: Sie stoßen unter Garantie auf einen Spielfilm, in dem gerade irgendein Sohn an den überzogenen Ansprüchen seines Vaters zerbricht. Wenn Sie noch etwas länger vor dem Fernseher verweilen, wird sich auch ein Spielfilmbeispiel für ein anderes beliebtes Schema finden: »Sohn versucht an die Erfolge des Vaters anzuknüpfen und scheitert.«

Eigene Ziele beachten Diesen Film sehen wir übrigens regelmäßig, nicht im Fernsehen, sondern live, bei uns im Büro. Das ist der echte Lebensfilm etlicher Führungskräfte, die wir coachen. Viele Menschen versuchen, die Motive einer ihnen nahestehenden Person zu leben, oder sie streben dem nach, was andere ihnen vorgelebt haben – kommen damit aber überhaupt nicht klar und verlieren darüber die eigenen Ziele und Möglichkeiten aus den Augen.

Wenn es um die Formulierung Ihrer Ich-Strategie geht, sollten Sie nicht nur Ihre Familie, sondern auch alle derzeitigen und ehemaligen Vorgesetzten gut im Auge behalten. Wenn Oma und Opa, die schon lange tot sind, noch so viel Durcheinander in die eigenen Ziele und Motive bringen können, wie werden sich dann erst die Ziele und Wünsche eines Vorgesetzten auswirken, der in wenigen Monaten darüber zu befinden hat, wie sich Ihr Einkommen im nächsten Jahr entwickeln wird?

Vorgesetztenziele ungleich Mitarbeiterziele

Ob es die Motive Ihrer Vorgesetzten oder Kollegen sind, die Motive Ihrer Familienangehörigen, Verwandten oder guten Bekannten: Sie alle werden Sie in Richtung Du-Strategie ziehen. Wenn Sie nicht höllisch aufpassen, werden sich in Ihrer zukünftigen Ich-Strategie mehr »Fremdbestandteile« befinden, als Ihnen und Ihrer Strategie guttun wird. Seien Sie auf der Hut.

Ich-Strategie verfolgen

> **Achten Sie darauf, wie die Motive anderer Ihr Tun und Denken beeinflussen, und versuchen Sie zu unterscheiden, was bei der Ausbildung Ihrer Strategie Eigenes und was Fremdes ist.**

Karrierestereotypen

Karrierestereotypen, das sind Vorurteile oder Klischees darüber, welchen Weg man einschlagen müsste, um zu beruflichem Erfolg zu kommen.

Die am meisten verbreitete Stereotype ist die Vorstellung, Karriere sei nur möglich, wenn man Führungsverantwortung übernimmt. Diese Vorstellung ist verhängnisvoll für diejenigen, die trotz fehlender Voraussetzungen immer und immer wieder nach einer Führungsaufgabe greifen, um am Ende kläglich zu scheitern. Ganz besonders fatal ist sie für all diejenigen, die unter Menschen arbeiten müssen, denen der Sprung in die Führung gelungen ist, obwohl sie dafür weitgehend ungeeignet sind.

Führungsverantwortung und Karriere

Ganze Dienstleistungszweige verdienen ihr Geld damit, unfähige Leute zu »Manager-Darstellern« auszubilden. Die Bewerbungsbücher – auch die von renommierten Autoren – sind voll mit

Tipps, wie man sich einen Führungsjob angelt, selbst wenn man Mitarbeiter erklärtermaßen als Störfaktor empfindet. Welch eine Vergeudung von Ressourcen!

Viele Wege zum Erfolg Erfolg – das ist zweifellos richtig – wird in vielen Hierarchien auch heute noch über den »Aufstieg« definiert. Es gibt jedoch mittlerweile zahlreiche und überaus leistungsfähige Organisationen, deren herausragendes Merkmal es ist, keine oder kaum eine Hierarchie zu haben. Auch dort ist Erfolg möglich, sogar außerordentlicher Erfolg. Dieser wird aber nicht über einen Aufstieg definiert, sondern über etwas anderes: über Fantasie, über Kreativität oder über Innovation. Es gibt auch in unserem Land Hunderte von namenlosen »Klitschen«, die jedes Jahr mehr Einkommensmillionäre »produzieren«, als die DAX-Unternehmen Vorstandsmitglieder haben. Lösen Sie sich von der Vorstellung, es gäbe nur ein oder zwei Wege zum Erfolg.

> **Führungsverantwortung und Hierarchie: Das gehört für viele dazu, um »erfolgreich« zu sein. Die Realität zeigt, dass weder das eine noch das andere zwingend notwendig ist.**

Persönlichkeitsdiagnostik

Die »Anfechtungen«, von denen bisher die Rede war, gehören in den Bereich der Denk- oder Verhaltensmuster. Die nächste Anfechtung, gegen die wir Sie wappnen möchten, kommt im wissenschaftlichen Gewand daher. Die Rede ist von Tests und anderen Instrumenten der Personaldiagnostik, mit denen Sie bereits durchleuchtet wurden oder mit deren Hilfe Sie sich selbst durchleuchten wollen.

Wer sich beruflich neu orientieren oder profilieren will, sucht verständlicherweise nach »Tools«, die ihn bei der Selbstfindung und bei der Formulierung seiner Strategie unterstützen könnten. Da sollte sich in dem gut sortierten Werkzeugkoffer eines professionellen Personalers doch eigentlich etwas Passendes finden lassen.

Sie finden heute das meiste, was an Tests zur Personalauswahl, **Großes Angebot** zur Teamentwicklung, beim Kommunikationstraining oder wofür auch immer von den Firmen eingesetzt wird, im Original oder in leicht abgewandelter Form auch im Internet. Kostenpflichtig natürlich. Sie können sich das vermeintlich so geheime Wissen der Personaler durchaus selbst erschließen. Manchmal funktioniert das allerdings nur über Mittelsleute – Coachs, Trainer, Psychologen.

Unter dem Schlagwort »Persönlichkeitstest« finden Sie jedenfalls bei Google rund 500 000 Antworten – auf jeden Fall genug, um sich damit das nächste halbe Jahr unproduktiv zu beschäftigen und ein paar Hundert Euro nutzlos zum Fenster hinauszuwerfen.

Um das zu verhindern, wollen wir mit Ihnen eine kleine Exkur- **Exkursion** sion in die Welt der Personaldiagnostik machen. Wir greifen die am häufigsten verwendeten und bekanntesten »Tools« heraus, betrachten sie allerdings nicht unter dem Gesichtspunkt, ob sie für die Bewerberauswahl taugen. Wir werden uns auch nicht darüber auslassen, ob das zugrunde liegende Konzept wissenschaftlich haltbar ist; und auch die Praktikabilität beim Einsatz in der täglichen Personalarbeit soll uns hier in unserem Zusammenhang nicht interessieren. Uns geht es allein um die Frage, ob diese Instrumente Hinweise oder sogar konkrete Ergebnisse für die Ausformulierung Ihrer Berufs- und Karrierestrategie liefern können. Lohnt es sich für Sie, sich intensiver mit diesen Werkzeugen und den dahinter stehenden Konzepten zu beschäftigen, wenn Sie nach beruflicher Orientierung suchen?

Die große Auswahl an Personaltests sollte an dieser Stelle nur unter einem Aspekt betrachtet werden: Bringen sie etwas für die eigene Berufs- und Karrierestrategie?

Zwei recht bekannte Methoden firmieren unter der Bezeich- **C. G. Jung und die Folgen** nung DISG und INSIGHTS; beide Methoden haben ihre Wurzeln in den theoretischen Überlegungen des Schweizer Psychologen C. G. Jung (1875 bis 1961). Auch der in den USA sehr verbreitete Myers-Briggs-Typenindikator (MBTI) verdankt seine Entstehung dem Ideengut von Jung. Diese Methoden versuchen, den Menschen nicht durch bestimmte Talente, sondern durch bestimmte Verhaltensmuster zu charakterisieren. Das ist eigentlich keine schlechte Idee, insbesondere, wenn es dadurch gelingen könnte, das Verhalten von Menschen vorauszusehen oder ihnen Hinweise dafür zu liefern, wie sie ein erfülltes Leben führen können.

MBTI – Myers-Briggs-Typenindikator

Die Qual mit den Buchstabenkürzeln

Der MBTI kennt die vier folgenden Grundtypen:

- den ST-Typ (sensing-thinking)
- den SF-Typ (sensing-feeling)
- den NF-Typ (intuition-feeling)
- den NT-Typ (intuition-thinking)

Auch die 16 Untertypen werden wiederum mit Buchstabenkürzeln bezeichnet – Sie bekommen es mit so »schrägen Typen« wie iSfP oder eNTj zu tun. Schon jetzt wird Ihnen vermutlich klar sein, dass dieses Instrument wenig anschaulich ist. Damit wollen wir Ihnen das »Tool« nicht madig machen. Aber wenn Sie damit etwas anfangen wollen, müssen Sie sich intensiv mit dieser Systematik auseinandersetzen und sich in die Terminologie einarbeiten. Auf die Schnelle wird sich Ihnen dieses Instrument nicht erschließen. (Zitiert nach Schimmel-Schloo / Seiwert / Wagner [Hrsg.]: *PersönlichkeitsModelle*)

Dieser Test kann ohne professionelle Hilfe nicht von Ihnen interpretiert werden – für unseren Kontext ist der Test ungeeignet.

DISG

Vier Verhaltensstile

Auch DISG basiert auf den grundlegenden »Verhaltensstilen«:

- D-Dominant = aufgabenorientiertes und extrovertiertes Verhalten
- I-Initiativ = extrovertiertes und menschenorientiertes Verhalten

- S-Stetig = menschenorientiertes und introvertiertes Verhalten
- G-Gewissenhaft = introvertiertes und aufgabenorientiertes Verhalten

Dementsprechend gibt es vier Grundtypen. Jeder Typus wird durch seine Verhaltenstendenzen, sein ideales Umfeld und auch durch seine Schwächen beschrieben. Durch die Kombination des Grundtypus mit einem zweiten Typus werden »Mischtypen« gebildet (dass der »Eroberer« zweimal vorkommt, ist korrekt):

»Dominante« Mischtypen
- Entwickler
- Motivator
- Eroberer
- Ergebnisorientierter

»Initiative« Mischtypen
- Überzeuger
- Förderer
- Kalkulierer
- Ermutiger

»Stetige« Mischtypen
- Leistungsmensch
- Vermittler
- Spezialist
- Forscher

»Gewissenhafte« Mischtypen
- Eroberer
- Praktiker
- Perfektionist
- Objektiver Denker

Jeder Grundtypus wird – in der deutschen Version – mit einem bunten Bild untermalt. DISG kommt also recht spielerisch daher. Wer in erster Linie durch Microsoft PowerPoint sozialisiert wurde, wird DISG möglicherweise allein der Bilder wegen als »Kinderkram« beiseiteschieben. Warum eine gesunde Skepsis aus anderen Gründen durchaus angeraten ist, zeigen wir Ihnen später. (Zitiert nach Seiwert / Gay: *Das 1x1 der Persönlichkeit*)

INSIGHTS MDI

Verhaltensstile als Basis Insights kennt acht Verhaltenstypen, die noch in 60 Positionen weiter differenziert werden können. Die acht Verhaltenstypen sind:

- Direktor: ergebnisorientiert, zielstrebig
- Motivator: marktorientiert, unabhängig
- Inspirator: kontaktorientiert, flexibel
- Berater: teamorientiert, kooperativ
- Unterstützer: beziehungsorientiert, geduldig
- Koordinator: produktorientiert, diszipliniert
- Beobachter: qualitätsorientiert, präzise
- Reformer: kontrollorientiert, perfektionistisch

Dies ist sicher die kürzestmögliche Darstellung dieses recht umfangreichen Instrumentes, von dem es sogar verschiedene Versionen gibt. Sie reichen von der Topmanager-Version über die Manager-Mitarbeiter-Version bis hin zur Verkäufer-Version.

Typenbezeich-nungen: nicht selbsterklärend Es gibt etwas, was sich bereits bei dieser knappen Gegenüberstellung von DISG und INSIGHTS abzeichnet: Die Typenbezeichnungen sind nicht selbsterklärend und es gibt kaum Überschneidungen zwischen beiden Typologien. Wie ist das möglich, wenn doch beide denselben Untersuchungsgegenstand haben? Dass sich der Typus »Motivator« bei INSIGHTS marktorientiert und unabhängig verhält, muss man offenbar lernen, wenn man mit dem System arbeiten möchte. Aus der Typenbezeichnung erschließt sich das jedenfalls nicht.

Typologien sind Chiffren Bei DISG ergreift der »Motivator« die Initiative und leitet andere in Richtung vorbestimmter Ziele. »Er ist charmant«, heißt es weiter, »und überzeugend, kann aber auch kühl wirken und bei anderen das Gefühl des Benutztwerdens erwecken.« In einer solchen Beschreibung ist das, was man landläufig mit dem Begriff »Animateur« beziehungsweise »Motivator« verbindet, zumindest ansatzweise erkennbar. Aber irgendwie erinnert diese Beschreibung auch ein wenig an die alte Bauernregel: »Wenn der Hahn kräht auf dem Mist, ändert sich das Wetter, oder es bleibt, wie es ist.«

Vom »Eroberer« heißt es in der DISG-Terminologie: »Er strebt nach guten Leistungen und Perfektion. Er kann alltägliche Entscheidungen schnell treffen, er zeigt eine von Vernunft abgeschwächte Aggressivität und wirkt manchmal kühl und unnahbar.« An einer solchen Beschreibung wird deutlich, dass die Typologie nicht aus dem Leben gegriffen ist, sondern dass es sich um Chiffren handelt, die sich dem Außenstehenden nicht sofort erschließen.

Beide Systeme liefern eine Reihe von Erkenntnissen für die beruflich optimale »Einsortierung« des jeweiligen Typus, könnten also durchaus einen Beitrag zur Formulierung der eigenen Strategie leisten. Als »Dollpunkt«, in den man sein Ruder einlegt, um endlich loslegen zu können, eignen sie sich aus unserer Sicht jedoch überhaupt nicht.

Begrenzt hilfreiche Informationen

Und leider liefern sie auch keine treffsicheren Bezeichnungen, mit denen man seine Vorzüge anderen Menschen anschaulich klarmachen könnte. Sie müssen Ihre fertige Strategie in eine kurze, griffige, sloganartige Formel gießen, um Sie Ihren Mitmenschen einprägsam mitteilen zu können. »Bilder« und Typologien sind dabei hilfreich. Die Typologie von DISG ist dazu aber nur sehr bedingt geeignet, die von INSIGHTS überhaupt nicht.

Fazit: Wenn Sie mit diesen Instrumenten bisher noch keinerlei Kontakt hatten, lassen Sie besser die Finger davon. Wenn Sie, Ihre derzeitige oder frühere Firma mit DISG oder INSIGHTS gearbeitet haben sollte, archivieren Sie diese Unterlagen. Gehen Sie aber bitte nicht davon aus, dass sie Ihnen entscheidende Informationen für die Darstellung Ihrer Ich-Strategie liefern werden. (Zitiert nach Schimmel-Schloo / Seiwert / Wagner [Hrsg.]: *Persönlichkeits-Modelle*)

Am besten: Finger weg!

Ein Vergleich dieser beiden Testtypen beziehungsweise von deren »Ergebnissen« zeigt auf, wie willkürlich die Kategorisierung und Interpretation gewählt zu sein scheint. Das hat keine Relevanz für Ihr Vorhaben.

16 PF

Einer der ältesten und im Führungskräftebereich am häufigsten verwendeten Tests ist der »16 PF«, von dem es aus lizenzrechtlichen Gründen ein paar Hundert Varianten zu geben scheint. Der Test ermittelt 16 Primärdimensionen und – daraus abgeleitet – fünf Globalfaktoren der Erwachsenenpersönlichkeit.

Die Primärdimensionen:

- A Wärme
- B Logisches Schlussfolgern
- C Emotionale Stabilität
- E Dominanz
- F Lebhaftigkeit
- G Regelbewusstsein
- H Soziale Kompetenz
- I Empfindsamkeit
- L Wachsamkeit
- M Abgehobenheit
- N Privatheit
- O Besorgtheit
- Q1 Offenheit für Veränderung
- Q2 Selbstgenügsamkeit
- Q3 Perfektionismus
- Q4 Anspannung

Die Globalfaktoren:

- Extraversion
- Unabhängigkeit
- Ängstlichkeit
- Selbstkontrolle
- Unnachgiebigkeit

Vielleicht ergeht es Ihnen bei der Durchsicht dieser 16 Dimensionen ähnlich wie uns: Aus Intelligenztests kennen Sie ja vermutlich solche Aufgabenstellungen: »Welcher Begriff ist hier fehl am Platze: Haus – Straße – Bagger – Brücke?« – Richtig: Bagger! Der Bagger ist eine Baumaschine, alle anderen Begriffe bezeichnen Bauwerke. Immer wenn wir mit dem 16 PF in Berührung kommen, fühlen wir uns an diesen Aufgabentyp erinnert und fragen uns, wie es wohl »B Logisches Schlussfolgern« geschafft haben mag, in diese Faktorenkollektion aufgenommen zu werden, während alle anderen kognitiven Fähigkeiten draußen bleiben müssen wie die Hunde vor dem Metzgerladen.

Vielleicht haben Sie einmal einen solchen Test machen müssen, und es bestünde durchaus die Chance, die Testergebnisse ausgehändigt zu bekommen: Wir fürchten jedoch, Sie müssten sich auch gleich noch den Psychologen dazu aushändigen lassen, um mit den Ergebnissen etwas anfangen zu können. Der 16 PF gehört in die Hände von erfahrenen Psychologen; für die eigenständige Strategieentwicklung ist er unergiebig. (Zitiert nach Testbeschreibung *www.testzentrale.de*, Hogrefe Verlag)

Nicht für Laien

Dieser Test bleibt ohne professionelle Auswertung ein Rätsel – auch er hat keine Relevanz für die Ausbildung Ihrer Strategie.

BIP

Das »BIP« (Bochumer Inventar zur berufsbezogenen Persönlichkeitsbeschreibung) ist für die Personalarbeit entwickelt worden, und das merkt man diesem Test glücklicherweise auch sofort an. Während die meisten Instrumente der psychologischen Personalauswahl ihren Ursprung in der Diagnose psychischer Krankheiten haben, dient das BIP auch, wenn nicht sogar in erster Linie der Identifikation eigener Stärken, soweit sie im Berufsleben von Bedeutung sind.

Weiterentwicklung des 16 PF

Wenn Sie also noch etwas an Ihrer Du-Strategie feilen möchten, schauen Sie sich die Struktur des BIP etwas genauer an, und schon wissen Sie, worauf die Personalleute letztendlich eine Antwort haben möchten. Sie können die Fragen, die Ihnen im Rahmen eines solchen Tests gestellt werden, durchaus im Sinne der vermuteten Erwartung beantworten – für geübte Du-Strategen eine der leichtesten Übungen. Wenn Sie den Test hingegen durchführen sollten, um Ansatzpunkte für eine berufliche Weichenstellung zu identifizieren oder um erste Ansätze für eine Ich-Strategie zu bekommen, sollten Sie gerade das nicht tun; Sie würden sich damit nur selbst um die Früchte Ihrer Arbeit bringen. Und das prüft das BIP ab:

die berufliche Orientierung
(liefert Aussagen zum geeigneten Karrierepfad):

- Leistungsmotivation
- Gestaltungsmotivation
- Führungsmotivation
- Wettbewerbsorientierung

das Arbeitsverhalten
(macht eine generelle Aussage zur Art der Aufgaben, die für Sie geeignet sind):

- Gewissenhaftigkeit
- Flexibilität
- Handlungsorientierung
- Analyseorientierung

die soziale Kompetenz
(weist auf Art und Umfang des Kontaktes zu anderen Menschen in der beruflichen Sphäre hin):

- Sensitivität
- Kontaktfähigkeit
- Soziabilität
- Teamorientierung
- Durchsetzungsstärke
- Begeisterungsfähigkeit

die psychische Konstitution
(kann Hinweise darauf liefern, wo es zur Unter- oder Überforderung kommen kann):

- emotionale Stabilität
- Belastbarkeit
- Selbstbewusstsein

Die Dimensionen Wettbewerbsorientierung, Begeisterungsfähigkeit und Analyseorientierung sind derzeit noch nicht Bestandteil der Onlineversion dieses Tests.

Das BIP ist das einzige der bisher vorgestellten Tools, das ein paar Anhaltspunkte für die Strategiefindung liefern könnte. Auch bei diesem Test wäre es besser, die Hilfe eines Coach oder Beraters für die Interpretation in Anspruch zu nehmen. (Zitiert nach der Webseite *www.testentwicklung.de/bip.htm* des Projektteams »Testentwicklung« Ruhr-Universität Bochum, Leitung: Rüdiger Hossiep)

Für die Du-Strategen kann dieser Test aufschlussreich sein, für alle anderen hat er nur eine sehr begrenzte Bedeutung.

Fazit

Die meisten Führungskräfte, die zu uns kommen, sind bereits mit dem einen oder anderen der genannten Instrumente in Berührung gekommen. Viele legen ihre »Testergebnisse« gleich den Unterlagen bei; offenbar in der Hoffnung, wir könnten damit etwas anfangen. Fakt ist: Wir können es nicht! Und warum? Die Instrumente liefern eine Aussage, die in dem Kontext, über den wir mit unseren Mandanten sprechen, irrelevant ist.

Psychotests bestehlen uns

Den meisten »Testprobanden« scheint gar nicht so recht klar zu sein, was da mit ihnen geschieht und wie die Ergebnisse einzuordnen sind. Testautoren, in der Regel Psychologen, haben ein aus unserer Sicht ohnehin sehr eigentümliches Arbeitsethos. Sie haben den Ehrgeiz, Ihnen und uns etwas zu entlocken, was Sie und wir gar nicht preisgeben wollen. Wenn einem jemand auf der Straße begegnet, der einem etwas »entlocken« will, was man nicht hergeben möchte, würde man wahrscheinlich ganz laut schreien: »Hilfe, Polizei, ein Dieb!« Auf die Absicht der Psychologen reagieren wir jedoch sehr viel nachsichtiger, warum auch immer.

Zumutungen

Man gibt uns in der Regel wenig Chancen, zu erfahren, welche Ergebnisse erzielt wurden und wie diese zu lesen sind. Sie werden stattdessen oft an jemand Dritten weitergegeben – gegen Geld natürlich. Und die Zumutung geht weiter: Der andere verwendet das, was mir entlockt und ihm verkauft wurde, möglicherweise auch noch gegen mich. Wenn es der Karriere dient, tolerieren erwachsene, gestandene Menschen solche »Gaunereien«. Schon erstaunlich, nicht wahr?

Die Anwendung und Auswertung von Persönlichkeitstests überschreitet häufig Grenzen, die offenbar beim Auswahlverfahren weiter gesteckt werden. Eine Tatsache, die zu denken gibt.

Erläuterung der Testergebnisse

Den wenigsten Menschen ist klar, wie die Aussage, die ein Test liefern kann, einzuordnen ist. Die Persönlichkeit von Menschen kann nicht gemessen werden wie eine physikalische Größe (»Ihr Durchsetzungsvermögen ist 78 Zentimeter und damit leider 12 Zentimeter zu kurz!«), sie wird durch den Vergleich mit anderen Menschen ermittelt (»Sie sind weniger durchsetzungsfähig als 60 Prozent Ihrer Vergleichsgruppe«). Doch wer ist die Vergleichsgruppe? Wenn Sie das wüssten, würden Sie in vielen Fällen sehr ins Grübeln kommen. Aber meistens erfahren Sie das gar nicht, und derjenige, der Ihnen Ihre Testergebnisse erläutert, weiß es selbst nicht.

Die Vergleichsgruppe

Wenn Sie erfahren, dass Sie als Manager (eines mittelständischen Maschinenbaubetriebes) ein höheres Durchsetzungsvermögen haben als 90 Prozent der Personen Ihrer Vergleichsgruppe, dann erfüllt Sie das möglicherweise mit einer gewissen Genugtuung. Würde man Ihnen sagen, dass man Sie versehentlich (oder weil man keine anderen Vergleichsdaten hat) mit den Dönerbuden-Besitzern Ihrer Altersklasse verglichen hat, würde sich Ihnen das Testergebnis sicher ein wenig anders darstellen.

Nicht immer wird man mit anderen Personen verglichen, manchmal wird man an zuvor definierten Anforderungen gemessen. Diese sind für Verkäufer natürlich andere als für Konstrukteure oder Buchhalter. Aber sind es für Verkäufer von Zementwerken dann wieder andere als für Verkäufer von Herrensocken? Und wer legt die Kriterien überhaupt fest? Der Testautor? Die Firma, die den Test einsetzt?

Es ist ziemlich egal, wer das festlegt, das werden Sie spätestens merken, wenn Sie einmal selbst versuchen, die Anforderungen in Testkriterien auszudrücken. Greifen Sie sich in Gedanken eine beliebige Position heraus, deren Anforderungen Sie gut zu kennen glauben; notieren Sie sich die wichtigsten vier oder fünf Anforderungskriterien, und versuchen Sie herauszufinden, mit welchen der 16 Persönlichkeitsdimensionen des 16 PF Sie diese Anforderungen messen könnten. Schwierig, nicht wahr? Wenn es Ihnen gelungen sein sollte, geeignete Messkriterien zu identifizieren, dann müssten Sie jetzt auch noch definieren, innerhalb welcher Werte sich die Ergebnisse bewegen müssen, damit Ihre Anforderungen als erfüllt gelten.

Fragen Sie sich nun bitte, wie man die Werte modifizieren müsste, um zum Beispiel zwischen Verkäufern von Zementwerken und Verkäufern von Herrensocken zu unterscheiden. Wenn Sie, was ziemlich wahrscheinlich ist, zu dem Ergebnis kommen, dass sei für den Test weitgehend belanglos, dann stellen Sie sich jetzt bitte abschließend vor, Sie wären der Verkäufer von Zementwerken und man würde Ihnen Ihre Testergebnisse mit dem Hinweis präsentieren, Ihre Vergleichsgruppe seien die Verkäufer von Herrensocken!

Wenn man sich klarmacht, auf welcher Basis und auf welche Weise Testergebnisse zustande kommen, relativiert das deren Bedeutung ganz entscheidend.

Wir hoffen, Sie sind damit auf Dauer von Tests »kuriert«. Ob Tests das leisten, was sie vorgeben zu leisten, scheint uns in den meisten Fällen mehr als fraglich. Die üblichen Persönlichkeitstests sind ohnehin nicht dafür konstruiert worden, um Ihnen bei der Entwicklung einer Ich-Strategie unter die Arme zu greifen.

Es gibt keinen Aufzug

Was bleibt, ist die Erkenntnis: Für die Entwicklung einer Ich-Strategie gibt's keinen Aufzug – wir müssen die Treppe benutzen.

TEIL II
Strategieentwicklung

In diesem Teil des Buches werden wir Ihnen etliche praktische Hinweise an die Hand geben, die Ihnen – hoffentlich – bei der Erarbeitung Ihrer eigenen Ich-Strategie von Nutzen sein werden. Es geht dabei um Ihr »Können« und um Ihr »Wollen«. Wir werden über Ihre Grundmotive sprechen und Ihnen zeigen, wie Sie aus Ihren Lieblingstätigkeiten, Ihren Motiven und Affinitäten erste Erkenntnisse für die Auswahl von Zielfirmen ableiten können.

Es gibt sicherlich Leser, die ihre Strategie längst in der Tasche haben und sich vor allem für die Umsetzung interessieren; der eine oder andere wird unsere Anregungen zum Anlass nehmen, ein paar Modifikationen oder Verbesserungen an seiner Strategie vorzunehmen. Wenn Sie sich jedoch eine neue Strategie von Grund auf erarbeiten wollen, wird Ihnen dies nicht alleine mithilfe eines Buches gelingen. An bestimmten Stellen kommt man ohne Hilfe von außen nicht vom Fleck – zumindest nicht so zügig, wie es für all diejenigen erforderlich ist, die ihren Job verloren haben und keine längere Zeit der Arbeitslosigkeit riskieren wollen. Wenn es darum geht, Hilfe von außen in Anspruch zu nehmen, werden Sie eine gewisse Findigkeit gut brauchen können. Ein paar Anregungen und Tipps, wo Sie Hilfe finden, geben wir Ihnen in Kapitel 8.

4. Was will ich?

Von den Anforderungsprofilen der Headhunter lernen

Mit der Du-Strategie versuchen Sie, dem Anbieter einer Arbeitsstelle auf jede nur erdenkliche Weise klarzumachen, dass Sie die Anforderungen, die er zur Voraussetzung für die Vergabe der ausgeschriebenen Stelle gemacht hat, voll erfüllen. Dreh- und Angelpunkt der Du-Strategie ist das Anforderungsprofil der Position, um die es geht.

Eigene Person im Zentrum

Bei der Ich-Strategie ist der Ausgangspunkt der Überlegungen die eigene Person, also das, was Sie wollen, nicht das, was ein Arbeitgeber von Ihnen möchte. Zur vollständigen Formulierung einer solchen beruflichen Ich-Strategie gehört die Definition dessen, was Sie in welchem Tätigkeitsfeld tun wollen. Wenn Sie den Eindruck haben, das, was Sie bisher beruflich getan haben, ist genau das Richtige, dann benennen Sie es. Definieren Sie es so, dass jeder spätestens nach 30 Sekunden kapiert, wie der Job beschaffen sein muss, den Sie haben wollen.

Wenn Sie das, was Sie wollen, bereits nuanciert und genau benennen können, dann »steht« Ihre Ich-Strategie bereits und Sie können die Strategieentwicklung getrost überschlagen.

Das Anforderungs- profil

Eine gute Strategie hat bestimmte Bestandteile. Beim Headhunter ist das Anforderungsprofil der Ausgangspunkt einer jeden Suche, das kann uns bei der Suche helfen. Schauen wir uns ein solches Profil näher an und gehen es dann Punkt für Punkt durch:

1. Unternehmen
2. Position
   2.1 Bezeichnung

Im Anforderungsprofil wird das Unternehmen in der Regel nicht **Das Unternehmen** offen benannt. Es wird aber beschrieben und durch ein paar wesentliche Eckdaten charakterisiert. Die Charakterisierung geht so weit, dass für einen potenziellen Interessenten deutlich wird, in welcher Konstellation er bei der Übernahme der Position arbeiten würde. Folgende Informationen findet man dort üblicherweise:

- die Branche
- die ungefähre Mitarbeiterzahl – national und international
- die Umsatzgrößenordnung
- die Zahl der Standorte – Werke, Vertriebsniederlassungen, Auslandsstandorte und so weiter
- die Grobgliederung des Unternehmens, zum Beispiel Geschäfts-, Produkt-, Sortimentsbereiche
- Stellung des Unternehmens im Markt

Häufig gibt es auch noch eine Aussage dazu, was in Zukunft passieren soll, dass zum Beispiel die Innovation beschleunigt werden soll, dass das Berichtssystem der soeben übernommenen Firma an das bestehende angepasst werden muss, dass eine Werksverlagerung bevorsteht, dass ein IT-Generationswechsel ansteht oder, oder, oder. Der Interessent bekommt damit also auch gleich eine Idee davon, welche Thematik ihn in den ersten zwei oder drei Jahren seiner Tätigkeit neben den Routineaufgaben vorrangig beschäftigen wird.

Das Anforderungsprofil liefert Hinweise, mit deren Hilfe man die Struktur des Unternehmens und die Art der Aufgabe recht gut einkreisen kann.

Diskretion erwünscht

Natürlich lässt sich mit ein wenig Spürsinn ziemlich bald herausfinden, wer der Auftraggeber des Headhunters sein könnte, und manche angesprochene Person hat dann auch tatsächlich nichts Eiligeres zu tun, als mit ihrem Wissen über eine Vakanz hausieren zu gehen. Nicht selten tippen solche »Schlaumeier« dann doch daneben und setzen auf diese Weise Gerüchte in die Welt, unter denen mit Sicherheit jener Stelleninhaber zu leiden hat, um dessen Job es vermeintlich geht. Sich so zu verhalten, ist übrigens in höchstem Maße unprofessionell, weil die »Plaudertasche« sich damit nicht selten selbst aus dem Verkehr zieht – für zukünftige Direktkontakte kommt sie nicht mehr infrage. Wenn Sie also selbst zum ersten Mal von einem Headhunter angesprochen werden sollten, verkneifen Sie es sich bitte, ihn in ein »lustiges Ratespielchen« über die Identität seines Auftraggebers zu verwickeln; das wäre die sicherste Methode, ihn zu vergraulen.

Die Diskretion dient auch dem Schutz der potenziellen und tatsächlichen Kandidaten. Wenn Sie zum ersten Mal von einem Headhunter oder von seinem »Vorauskommando« kontaktiert werden, lautet die Frage nicht unbedingt gleich: »Ist der Job für Sie interessant?«, sondern: »Könnten Sie jemanden empfehlen, für den dieser Job interessant ist?« Falls Sie – welch ein schöner Zufall – zu der Erkenntnis kommen, dass die in Rede stehende Position auch für Sie selbst infrage kommen könnte, wird man Sie ja wohl nicht zu erhöhter Diskretion anhalten müssen. Sie werden vermutlich von sich aus größten Wert darauf legen.

Wenn Sie jedoch nur eine Empfehlung aussprechen können, widerstehen Sie der Versuchung, sich mittels Ihres neu erworbenen »Insiderwissens« auch bei jenen Personen wichtigzutun, die Sie nicht weiterempfehlen werden. Sprechen Sie also nur mit Personen, die mit hoher Wahrscheinlichkeit die geforderten Anforderungen erfüllen. Der Berater ist vielleicht bereit, Ihnen das Anforderungsprofil zuzusenden, und wird Ihnen dann auch gestatten, es weiterzugeben. Das wird aber nicht immer der Fall sein, schließlich geht es bei vielen Stellenbesetzungen darum, einen Stelleninhaber zu ersetzen, der davon noch gar nichts weiß. In diesem Fall kann ein »herumgereichtes« Anforderungsprofil durchaus Unheil anrichten.

Diskretion und Verschwiegenheit rechnen sich für alle Beteiligten: für das suchende Unternehmen, den Headhunter, die Kandidaten und die Empfehler. Wer sich hier als Plaudertasche erweist, tut sich und anderen keinen Gefallen.

Der nächste Hauptbestandteil des Anforderungsprofils ist die Positionsbeschreibung. Es wird geschildert, wer der Disziplinarvorgesetzte des Stelleninhabers sein wird und an wen er zu berichten hat. Das muss nicht immer nur der unmittelbare Vorgesetzte sein; per »dotted line« ist der Stelleninhaber in der Regel auch noch im fachlichen Sinne anderen Führungspersonen im Unternehmen oder in der übergeordneten Unternehmenseinheit verbunden und berichtspflichtig. Spötter sagen, mit den Berichtswegen sei festgelegt, wer über Ihre Witze lachen muss und über wessen Witze Sie lachen müssen.

Positions-beschreibung

Oft werden auch die Kollegen auf derselben Ebene benannt – natürlich nicht namentlich, sondern mit ihrem Ressort oder ihrer Funktion. Und schließlich werden die zugeordneten und unterstellten Mitarbeiter aufgeführt. Das geschieht eher summarisch, wenn es sich um eine größere Zahl handelt, und etwas detaillierter, wenn es um wenige Personen geht. Diese werden dann durch ihre Funktion und manchmal auch noch mit ihrem fachlichen Hintergrund beschrieben.

Bei den Aufgaben und Kompetenzen wird häufig zwischen Routineaufgaben, Sonderaufgaben und besonderer Projektverantwortung unterschieden. Manchmal werden die Aufgaben nach ihrer Fristigkeit gegliedert und es wird beschrieben, was der Stelleninhaber monatlich, quartalsweise, halbjährlich oder jährlich abzuliefern hat. Das ist insbesondere bei den kaufmännischen Positionen mit präzise festgelegter Berichtspflicht der Fall. Der Begriff »Kompetenzen« bezeichnet in diesem Zusammenhang übrigens keine Eigenschaft der Person, sondern ihre Befugnisse oder ihren Verantwortungsrahmen.

Aufgaben und Kompetenzen

Fachliche und persönliche Anforderungen

Die Anforderungen an die Person werden in der Regel unterteilt nach fachlichen / formalen Anforderungen und nach persönlichen Anforderungen.

Ausbildung, Abschlüsse, Berufserfahrung, allgemeine Methodenkenntnisse, Spezialkenntnisse – solche Anforderungen werden häufig in Form von Mindestanforderungen und Idealanforderungen benannt, zum Beispiel: »Die gesuchte Person muss über mindestens fünf Jahre Berufserfahrung in der Lebensmittelindustrie verfügen und sollte bereits einige Jahre Führungserfahrung gesammelt haben – zum Beispiel als Schichtführer oder stellvertretender Produktionsleiter –, idealerweise in einem lohnintensiven Mehrschichtbetrieb.« Oder: »Der ideale Kandidat verfügt neben verhandlungssicheren Englischkenntnissen möglichst auch noch über gute Kenntnisse einer weiteren Fremdsprache.«

Gesetzliche Anforderungen

Manche Anforderungen, die mit der Position verbunden sind, liegen gar nicht im Ermessen der Firma, sondern sind durch die gesetzlichen Rahmenbedingungen vorgegeben. Auch solche Anforderungen müssen natürlich im Profil genannt werden. Dazu gehört zum Beispiel, dass die rechtlich vorgeschriebene Prüfung einer Konzernbilanz nicht von einem beliebigen Bilanzbuchhalter vorgenommen werden kann, sondern nur von examinierten Wirtschaftsprüfern. Dazu gehört, dass Verantwortliche in Produktion und Qualitätswesen von pharmazeutischen Betrieben über Kenntnisse gewisser Fertigungs- und Prüfstandards verfügen müssen, die im Rahmen fest vorgegebener Schulungsmaßnahmen erworben und abgeprüft werden. Ob es die Hilfskraft in der Dönerbude ist, die einen »Bulettenschein« der Ordnungsbehörde benötigt, oder der Sicherheitsingenieur, der Spezialkenntnisse in sicherheitstechnischer Fachkunde nachweisen muss – viele Bereiche des Berufslebens, insbesondere sicherheitsempfindliche Bereiche, sind mit einem dichten Netz von Vorschriften und Verordnungen überzogen, und dazu gehören dann in der Regel besondere Qualifikationsnachweise, die im Zusammenhang mit ihnen erbracht werden müssen.

Physische Anforderungen

Die Anforderungen, die an die Persönlichkeit gestellt werden, sind keineswegs immer nur »mentaler« Art. Vielleicht ist das in den Büroberufen so, in vielen anderen Berufen fallen unter die persönlichen Anforderungen häufig auch physische Anforderungen. So kann beispielsweise manuelles Geschick eine der wichtigsten Voraussetzungen für bestimmte Berufe sein. Wenn Sie schon einmal Probleme mit den Weisheitszähnen hatten, immer wieder unplanmäßig zum Notarzt mussten und dabei ständig Grobmotorikern in die Hände gefallen sind, dann wissen Sie zweifellos, wovon wir hier reden.

Auch Belastbarkeit kann eine wichtige Anforderung sein, wie zum Beispiel Schwindelfreiheit oder Tropentauglichkeit – von den besonderen Anforderungen, die an Piloten oder Kampfflieger gestellt werden, ganz zu schweigen.

Weitere Anforderungen

Wenn es dann um die Beschreibung der mentalen, motivationalen und intellektuellen Ausstattung der gesuchten Personen geht, schlägt die Stunde der Hobbypsychologen. Da werden nicht selten Anforderungen zusammengetragen, die jeden Realitätssinn vermissen lassen. Warum das so ist? Weil häufig mehrere Personen an der Definition beteiligt sind und weil es bei diesen Personen sehr unterschiedliche Vorstellungen und harte Diskussionen darüber geben kann, was der zukünftige Stelleninhaber repräsentieren sollte.

Der Fachkollege hätte vielleicht gerne einen »Spielkameraden«, einen »guten Kumpel«, den er so natürlich nicht nennen darf. Der Vorgesetzte will jemanden haben, »der mal richtig durchgreift«, damit endlich die Kumpanei und das Gekungel da unten aufhören. Der Personalchef hätte gerne einen »Diplomaten mit Fingerspitzengefühl«, der nicht laufend die wichtigsten Know-how-Träger verschreckt. Und der Personalberater, der das Anforderungsprofil am Ende zusammenstellen und ausformulieren muss, hält sich lieber raus, denn oft ist in dieser Phase der Diskussion der Auftrag noch gar nicht unter Dach und Fach. Da möchte der Berater keinesfalls den Eindruck aufkommen lassen, er könne nicht alles herbeizaubern, was sein potenzieller Kunde begehrt.

Am Ende steht dann möglicherweise ein Profil, das gerade, was diesen vielleicht wichtigsten Teil der Anforderungen angeht, sehr unkonkret, abgehoben oder sogar widersprüchlich ist. Glücklicherweise entdeckt man dann spätestens bei den Vorstellungsge-

Widersprüchlichkeiten

sprächen seinen Sinn für Realität wieder und schert sich in der Regel herzlich wenig um die Anforderungen, um die zuvor lebhaft gefeilscht wurde. Bei dem unbefangenen Leser eines solchen Anforderungsprofils in einem Anzeigentext bleibt jedoch der Eindruck haften, man müsse schon ein Halbgott sein, um eine Führungsposition übernehmen zu können.

Widersprüchliche Angaben in einem Anforderungsprofil spiegeln oft die unterschiedlichen Interessen der verschiedenen Abteilungen und Hierarchien wider und relativieren sich meist im Vorstellungsgespräch.

Der letzte Punkt des Anforderungsprofils sind in der Regel die Angaben zu den finanziellen Rahmenbedingungen und anderen, mehr organisationstechnischen Dingen.

Gegenbeispiele Natürlich gibt es auch das Gegenteil dieses diffusen und unstrukturierten Definitionsprozesses. Insbesondere größere Firmen, die häufiger und in größerer Zahl Mitarbeiter rekrutieren – etwa Schüler für Ausbildungsplätze oder Hochschulabsolventen als Führungsnachwuchs –, haben sehr präzise Vorstellungen hinsichtlich der Persönlichkeitsanforderungen. Je »unbeschriebener« die »Blätter«, sprich je weniger Berufserfahrung die gesuchten Personen haben, desto genauer wird man bei den Persönlichkeitsfaktoren hinschauen. Bei der Suche nach Fachkräften treten die fachlichen Voraussetzungen wieder etwas stärker in den Vordergrund und die persönlichen in den Hintergrund. Bei den Führungs- und Nachwuchsführungskräften schließlich schaut man dann bei den Persönlichkeitseigenschaften wieder ganz genau hin. Es gibt dafür in der Regel nicht nur klare Anforderungen, sondern auch ein umfangreiches Arsenal von »Prüfinstrumenten«, mit deren Hilfe man zu klären versucht, ob und inwieweit die Probanden den zuvor definierten Vorstellungen entsprechen.

Im Laufe eines Berufslebens werden im Wechsel die fachlichen und die persönlichen Fähigkeiten und Voraussetzungen im Vordergrund stehen.

Der mir stehen seler die persön-liche Fähigkeit u. Verantwortung im Vordergrund!

Nichts liegt nun eigentlich näher, als dieses Raster der Entwicklung der eigenen **Übung**
Ich-Strategie zugrunde zu legen. Dazu müsste man nur die Reihenfolge umkeh-
ren und die Bezeichnungen an die etwas veränderte Sichtweise anpassen. Gut,
probieren wir es einfach mal aus:

Bestandteile Ich-Strategie

1. Talente, Eigenschaften, Verhalten

_____

_____

2. Fertigkeiten, Kenntnisse, Erfahrungen

_____

_____

3. Zielaufgaben

_____

_____

4. Zielposition

_____

_____

5. Zielfirma

_____

_____

Das sieht, so sollte man meinen, doch ganz gut aus: Bilanzieren Sie Ihre Kenntnisse und Erfahrungen, finden Sie heraus, worin Sie besser sind als andere, und schon wissen Sie, wo Sie gute Chancen haben. Jetzt müssen Sie dem Kind, also der Position, die Sie anstreben, eigentlich nur noch einen Namen geben, die Firmen zusammenstellen, die Sie interessieren, und schon können Sie sich bewerben – aktiv, spontan und initiativ. So oder so ähnlich wird es in vielen Büchern, in Zeitschriftenartikeln und auf Webseiten zum Thema Karrierenavigation und Initiativbewerbung empfohlen. Sie könnten also loslegen.

Achtung: Schleudergefahr

Wir wissen nicht, warum Sie es nicht tun. Aber wir wissen: Wenn Sie es so machen, fliegen Sie bereits aus der ersten Kurve, noch bevor Sie richtig Fahrt aufgenommen haben. Sie werden nämlich sehr schnell die Erfahrung machen, dass Ihnen die ganze Bilanziererei Ihrer bisherigen Tätigkeiten, das Zusammenstellen Ihrer Kenntnisse und Erfahrungen überhaupt nichts nützt, um sich die Frage zu beantworten, was Sie denn eigentlich tun müssten, um »ganz groß rauszukommen«.

Die simple Umkehrung des Headhunter-Anforderungsprofils reicht nicht aus – sie führt mitunter sogar in die Irre.

Expertenrat hilft hier wenig

Eine Lösung kommt Ihnen und anderen sicherlich in den Sinn: Da muss man eben ein paar schlaue Experten befragen, die Ihnen sagen können, in welchen Aufgabenbereichen, in welchen Jobs und in welchen Branchen Ihre Talente am besten zur Geltung kommen. Natürlich kann man sich, wenn die Berufserfahrung noch nicht allzu umfassend ist, die Frage, welche Möglichkeiten es mit den vorhandenen Fähigkeiten und Kenntnissen sonst noch gäbe, nicht selbst beantworten. Experten wüssten darauf sicherlich mehr Antworten.

Aber: Je mehr Experten Sie befragen, desto unterschiedlicher werden die Antworten ausfallen. Außerdem werden die Fachleute, also die Personalberater und Headhunter, sich Ihnen nicht einfach so als Karriereexperten zur Verfügung stellen. Sie kümmern sich um ihre Firmenkundschaft und haben keine Zeit für Sie.

Sie werden vielleicht daran denken, sich mit Ihren Fragen an Karriereberater zu wenden, zum Beispiel an Outplacement-Berater, wie wir es sind. Aber auch wir haben leider nur eine ziemlich frustrierende Erkenntnis für Sie parat: Nicht dass wir Ihnen unsere Expertise nicht zur Verfügung stellen wollen, aber: Sie müssen sich, wenn Sie zu einer brauchbaren Ich-Strategie kommen wollen, leider nach einem anderen Lösungsansatz umsehen. Keine Sorge, es gibt eine Lösung, aber eben nicht dort, wo sie in den meisten Fällen gesucht wird.

Alternative Adressen

Strengthsfinder als Vorstufe

Bei der Firma Gallup, dem amerikanischen Markt- und Meinungsforschungsinstitut, haben sich ein paar Leute sehr intensiv und lange mit der Frage beschäftigt, welche Eigenschaften Menschen beruflich erfolgreich machen. Dazu haben sie etliche Tausend oder sogar Zehntausend berufstätige Menschen interviewt, aus ihren Interviewergebnissen 34 »Schlüsselfaktoren« herausgefiltert und einen Test entwickelt, mit dessen Hilfe man seine persönlichen Stärken besser eingrenzen kann. Dieses Instrument heißt »Strengthsfinder«.

Trotz seines zungenbrecherischen Namens ist dieses Instrument nicht uninteressant. Die Übersetzung aus dem Amerikanischen ist nicht immer besonders gelungen und die Terminologie gewöhnungsbedürftig – insbesondere weil die 34 vorgestellten Erfolgsfaktoren als »Talent-Leitmotive« bezeichnet werden. »Talent-Motive«, das ist schon eine sehr merkwürdige Wortschöpfung. Auch die Mischung aus Adjektiven und Substantiven, mit denen die Strengthsfinder-Stärken benannt werden, fällt aus dem Rahmen und ist etwas gewöhnungsbedürftig. Folgende Motive gibt es:

Talent-Motive

- Analytisch
- Anpassungsfähigkeit
- Arrangeur
- Autorität
- Bedeutsamkeit
- Behutsamkeit
- Bindungsfähigkeit

- Disziplin
- Einfühlungsvermögen
- Einzelwahrnehmung
- Enthusiasmus
- Entwicklung
- Fokus
- Gerechtigkeit
- Harmoniestreben
- Höchstleistung
- Ideensammler
- Integrationsbestreben
- Intellekt
- Kommunikationsfähigkeit
- Kontaktfreudigkeit
- Kontext
- Leistungsorientierung
- Selbstbewusstsein
- Strategie
- Tatkraft
- Überzeugung
- Verantwortungsgefühl
- Verbundenheit
- Vorstellungskraft
- Wettbewerbsorientierung
- Wiederherstellung
- Wissbegierde
- Zukunftsorientierung

Einige der Begriffe werden Ihnen als Schlüsselbegriffe für die Bewerbung im Rahmen einer Du-Strategie geläufig sein, wie zum Beispiel:

- Leistungsorientierung
- Tatkraft
- Autorität
- Wettbewerbsorientierung
- Kontaktfreude

Anderen Eigenschaften, wie zum Beispiel

- Anpassungsfähigkeit
- Verbundenheit
- Behutsamkeit
- Disziplin
- Harmoniestreben
- Integrationsbestreben
- Bindungsfähigkeit

sind wir in den letzten Jahren eher selten begegnet. Wenn in der Wirtschaftspresse von *Wirtschaftswoche* über *Impulse*, *Capital* und *manager magazin* bis hin zum *Harvard-Businessmanager* über die Heldentaten der internationalen Wirtschaftselite berichtet wird, tauchen solche Begriffe nicht auf. Dennoch stehen auch diese Eigenschaften für beruflichen Erfolg.*

Strengthsfinder zählt viele Eigenschaften und Fähigkeiten auf, die im Berufsleben eine mehr oder weniger wichtige Rolle spielen. Dieser Ansatz kann für eine Selbsteinschätzung durchaus hilfreich sein.

Für Menschen im Beruf, die nicht aktuell auf Jobsuche sind, sich aber dennoch für ihre Talente und Stärken interessieren, ist das Buch zweifellos eine interessante Lektüre. Allerdings kommen die Autoren zu demselben Schluss wie wir: Sie können von Ihren Talenten und Ihren Stärken nicht auf die Funktion schließen, die Ihnen auf den Leib geschneidert wäre – jedenfalls nicht eindeutig. Es gibt keine 1:1-Beziehung zwischen Talent und beruflicher Funktion.

Eingeschränkter Nutzen

Wenn Sie Chirurg werden wollen, ist es sicher gut, wenn Sie manuell geschickt sind. Sind Sie manuell geschickt, ist es aber keineswegs naheliegend, Chirurg zu werden. Manuelles Geschick ist auch für Hunderte anderer Formen der beruflichen Betätigung eine sehr gute Voraussetzung. Wollen Sie Musiker werden, müssen Sie musikalisch sein. Sind Sie musikalisch, ist der Beruf des

---

* Den Test zur Ermittlung der vier wichtigsten eigenen Stärken können Sie online im Internet durchführen. Dazu muss man allerdings das Buch der Testautoren kaufen, in dem sich der Zugangscode für die Testdurchführung befindet (Marcus Buckingham/Donald O. Clifton: *Entdecken Sie Ihre Stärken jetzt. Das Gallup-Prinzip für individuelle Entwicklung und erfolgreiche Führung*).

Musikers nicht zwangsläufig ideal für Sie und bietet auch keine Erfolgsgarantie.

Erfolgsrezepte? In Deutschland gibt es angeblich 25 000 verschiedene Berufe; und selbst wenn es nur 5000 wären: Sie finden nicht den idealen Beruf für sich, wenn Sie bei den Talenten oder Ihrem Können ansetzen. Erfahrene Personalberater, Headhunter oder Personalchefs werden es Ihnen bestätigen: Verschiedene Menschen, die in einem bestimmten Beruf sehr erfolgreich sind, weisen oft wenig Ähnlichkeit miteinander auf.

> **Es gibt für Erfolg kein eindeutiges Rezept – es funktioniert ganz unterschiedlich, auch wenn Ihnen alle Karrierebeilagen der Medien etwas anderes suggerieren wollen.**

Welche Mischung ist die erfolgversprechendste?

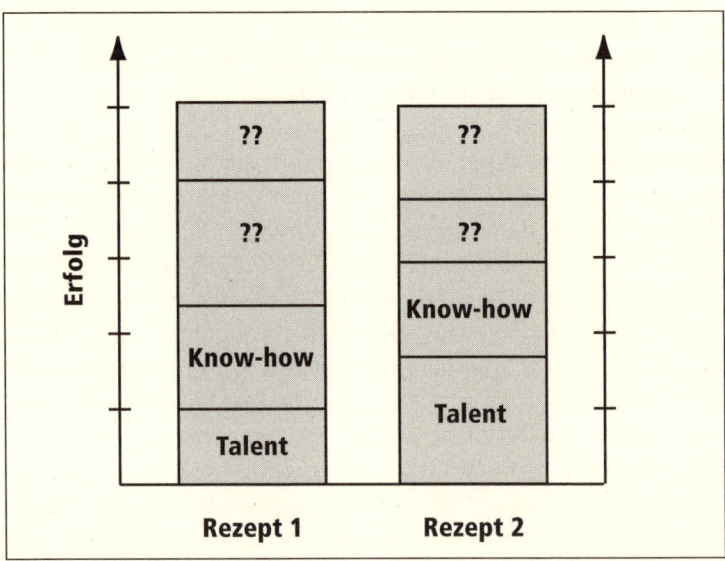

Wichtigkeit der Talente Wir hoffen, Ihnen ist die Tragweite dieser Feststellung bewusst?! Es ist offensichtlich schwieriger, den idealen Job zu finden, als es zunächst vielleicht den Anschein hatte. Es bedeutet aber vor allem, dass beruflicher Erfolg weder ausschließlich noch hauptsächlich von Ihren Talenten abhängig ist. Sie müssen weder über ganz spezielle Talente verfügen, noch müssen Sie eine Ausnahmeerscheinung sein, um beruflich erfolgreich sein zu können. Beruflicher Erfolg ist keine Frage der genetischen Disposition.

Beruflicher Erfolg ist auch nicht unbedingt eine Frage des Könnens. Ist Ihnen nicht auch schon einmal aufgefallen, dass es meist nicht die größten »Könner« sind, die im Beruf die Nase vorn haben? Der beste Programmierer ist nicht der Leiter der DV, der beste Buchhalter ist nicht der kaufmännische Leiter, der beste Verkäufer ist nicht der Vertriebschef. Und wie heißt es bereits seit Jahrhunderten? »Die dümmsten Bauern haben die dicksten Kartoffeln!«

Wichtigkeit des Könnens

Weder die Talente noch das Können sind alleine ausschlaggebend für den beruflichen Erfolg.

Kehren wir noch einmal zu den »Talent-Motiven« des Strengthsfinder zurück: So merkwürdig diese Wortkombination zunächst anmutet – es handelt sich dabei tatsächlich um eine Kombination aus Talenten und Motiven, auch wenn dies auf den ersten Blick nicht sofort erkennbar wird. Gleich das erste Talent im Alphabet heißt »Analytisch« und scheint das Äquivalent zum »Logischen Schlussfolgern« zu sein, das uns schon beim 16 PF begegnet ist. Der Strengthsfinder beschränkt sich aber nicht auf dieses eine kognitive Element, es kommen noch die Begriffe »Intellekt«, »Vorstellungskraft« und »Strategie« hinzu, wobei diese Begriffe nicht überschneidungsfrei sind. So wie »Intellekt« von Buckingham / Clifton definiert wird, ist er der perfekte Oberbegriff für alle kognitiven Talente und damit auch für »Analytisch«, »Vorstellungskraft« und »Strategie«. Aber trotz dieser kleinen Irritationen sind wir den Erfindern dieser einzigartigen Kreuzung aus »Talenten« und »Leitmotiven« äußerst dankbar – sie haben uns den Weg zu den Motiven gewiesen und damit zu dem Kriterium, das uns als Ausgangspunkt für die Formulierung einer Ich-Strategie ideal erscheint.

Strengthsfinder-Besonderheit

Viele, wenn nicht die meisten der Strengthsfinder-»Talent-Leitmotive« sind keine Mischung aus Talent und Motiv, sondern bestimmte Ausprägungen von Leitmotiven.

Das ist uns allerdings erst klar geworden, als wir mit dem Reiss-Profile in Berührung kamen.

Reiss-Profile als Durchbruch

Steven Reiss ist Verhaltenspsychologe und Professor für Psychologie und Psychiatrie an der Ohio State University, USA. Er befasst sich seit Mitte der Neunzigerjahre intensiv mit dem Thema Motive, nachdem er festgestellt hatte, dass die Wissenschaft bis dahin kaum tragfähige Antworten auf die Frage nach dem »Wer bin ich?« anzubieten hatte.

Steven Reiss weist die Vorstellung zurück, menschliches Verhalten sei auf nur zwei oder drei motivationale Grundaspekte zurückzuführen. Aus etlichen Untersuchungen mit mehreren Tausend Versuchspersonen, in denen er Motive »sammelte«, hat er faktorenanalytisch 16 klar voneinander unterscheidbare Grund- beziehungsweise Leitmotive ermittelt (s. Tabelle auf S. 94), mit deren Hilfe sich die Motivstruktur eines Menschen nicht nur sehr präzise ermitteln, sondern auch sehr übersichtlich darstellen lässt.

Ausdruck persönlicher Werte

In den Motiven, so sagt Reiss, kommen die Werte eines Menschen zum Ausdruck: Sage mir, welche Motive ein Mensch hat, und ich nenne dir seine Werte; sage mir, welche Werte er hat, und ich nenne dir die Motive, die dahinter stehen. Motive, für die Reiss synonym auch die Begriffe »Ziele« oder »grundlegende Bedürfnisse« verwendet, sagen Verhalten voraus. Das unterscheidet sie von vielen anderen Persönlichkeitsmodellen.

Beispiel

Vieles von dem, was wir landläufig für Fertigkeiten halten, führt Reiss auf Motive zurück. Unser Lieblingsbeispiel: Wenn jemand unordentlich ist, dann ist das kein Mangel an Erziehung oder Training, also kein Defizit in der »Fertigkeit«, Ordnung herbeizuführen. Es ist vielmehr Ausdruck eines Motivs: Wer keine Ordnung hält, liebt Spontaneität!

Motive statt Temperamente

Temperamente mögen ein interessanter menschlicher Aspekt sein. Viele Verhaltensaspekte, die von den erwähnten Persönlichkeitsmodellen bestimmten Temperamenten, Charakteren oder

Typen zugeordnet werden, lassen sich aber durch Motive weitaus prägnanter und präziser beschreiben.

Laut Reiss kommen in den Motiven eines Menschen seine Werte zum Ausdruck.

Natürlich hat Steven Reiss auch einen Test zu seinem Persönlichkeitsmodell entwickelt – das Reiss-Profile (gesprochen »Riess-Profeil«). Dieses Instrument ist in Deutschland noch nicht sehr weit verbreitet. Seit die deutsche Handball-Nationalmannschaft die Weltmeisterschaft gewonnen hat, hat es jedoch die Wahrnehmungsschwelle durchbrochen und ist nun auf dem besten Weg, sich in der Wirtschaft zu etablieren. Das Reiss-Profile spielt eine wichtige Rolle beim Mentalcoaching der deutschen Handball-Nationalmannschaft und in der Fußball-Bundesliga. Deshalb wird es häufig mit dem Sport und dem Teamcoaching in Verbindung gebracht. Wir werden sehen, dass es in anderen Lebensbereichen ebenso gut einsetzbar ist.

Reiss-Profile im Handball

Im Unterschied zu vielen anderen Persönlichkeitstests erfasst das Reiss-Profile die komplette Motiv-, Antriebs- und Wertestruktur eines Menschen. Nach allen bisherigen Erkenntnissen kann man davon ausgehen, dass die festgestellten Motivausprägungen situations- und zeitüberdauernd sind und sich im Laufe des Lebens nicht wirklich verändern.

Motivprofile

Das Ergebnis des Reiss-Profiles ist immer wertfrei zu verstehen: Es gibt kein gutes und auch kein schlechtes, kein falsches oder richtiges Profil. Das Reiss-Profile dient einzig der Darstellung der Individualität eines Menschen.

Talente und Können eignen sich nicht als Ausgangspunkt für die Formulierung einer Ich-Strategie, die Motive hingegen bestens. Die Du-Strategie besagt: Ich nenne dir meine Talente, meine Erfahrungen und mein Können. Prüfe du bitte, welche Einsatzmöglichkeiten du dafür siehst. Ausgangspunkt der Du-Strategie sind Ihre Talente, Kenntnisse und Erfahrungen; Ihre Wünsche, Neigungen und Bedürfnisse stellen Sie sozusagen hintan und ordnen sie den Zielen des jeweiligen Arbeitgebers unter. Ausgangspunkt der Ich-Strategie sind hingegen Ihre Wünsche, Neigungen und

Motive als Ausgangspunkt

Die Reiss-Motive im Überblick

Macht

| hoch | Einfluss ausüben, Erfolg anstreben, Leistung bringen, Kontrolle über andere und anderes haben, Führen / Führung | ☑ |
| niedrig | »easy going«, keine Führung, keine Verantwortung, an Menschen orientiert, dienen können, sich Ideen und Menschen anschließen, Fakten akzeptieren | ☐ |

Teamorientierung

| hoch | Teamorientierung, emotionale Abhängigkeiten, Gemeinsamkeiten suchen | ☑ |
| niedrig | Freiheit, Selbstgenügsamkeit, emotional selbstbestimmt | ☐ |

Neugier

| hoch | Wissen ansammeln, Wahrheit suchen, Dingen »auf den Grund gehen«, Intellektualität, Strategie aufbauen, Vision erstellen | ☑ |
| niedrig | »praktisch veranlagt sein«, Anwendungsorientierung, zeitnahe Umsetzung, jetzt machen | ☐ |

Anerkennung

| hoch | soziale Akzeptanz suchen, Zugehörigkeit brauchen, positiver Selbstwert durch andere, Vermeiden von Kritik, Lob als Treibstoff | ☑ |
| niedrig | Kritik aushalten, Zeigen von Selbstbewusstsein, Selbstzufriedenheit, unabhängig vom Feedback anderer | ☐ |

Ordnung

| hoch | Stabilität und Klarheit bevorzugen, detailgenaue Organisation, Strukturen suchen und aufbauen, definierte Prozesse einhalten, Konstanz wahren | ☑ |
| niedrig | Flexibilität und Spontaneität schätzen, geringe Ordnung, Offenheit für Abweichung in Strukturen, Freiräume zulassen | ☐ |

Sparen / Sammeln

| hoch | Anhäufung materieller Güter, Eigentum, Aufbewahren, Festhalten an Sachen und Glaubenssätzen | |
| niedrig | materielle Großzügigkeit, kein Interesse am Sammeln oder Sparen, Dinge weitergeben oder wegwerfen können | |

Ziel- und Zweckorientierung

hoch	Zweckorientierung, Zielorientierung, Loyalität nicht als Selbstzweck, Flexibilität wiegt mehr als Rollenerwartung
niedrig	Kodexorientierung, Loyalität, moralische Integrität, Tradition, öffentliche Integrität, Werte und Normen schätzen und wahren

Idealismus

hoch	soziale Gerechtigkeit und Fairness, zum Wohl anderer handeln ohne eigenen Nutzen, Altruismus, politisch handeln, »Sozialromantiker«
niedrig	sozialer Realismus, soziale Selbstverantwortung, unpolitisch sein, vorrangig sich selbst gegenüber in der Verantwortung stehen

Beziehungen

hoch	Freundschaften suchen und intensiv pflegen, Freude, Humor, Extraversion, Geselligkeit schätzen
niedrig	Zurückgezogenheit, Ernsthaftigkeit, Intraversion, mit sich selbst sein können, Freiräume suchen und abgrenzen

Familie

hoch	Familienleben, Erziehung / Fürsorglichkeit für Kinder, enge Kontakte zulassen, intensive Zuwendung geben und nehmen können
niedrig	keine Fürsorglichkeit, keine Kinder, keine Abhängigkeit von Kindern, partnerschaftlicher Umgang mit Kindern, weniger Emotionalität und körperliche Nähe

Status

hoch	Prestige, Reichtum, Titel, öffentliche Aufmerksamkeit und Ansehen genießen, Elite, Dominanz
niedrig	Bescheidenheit, Egalitarismus, kein Interesse an öffentlicher Wahrnehmung, wenig Wert auf Titel und Besitz legen

Rache / Kampf

hoch	Aggression austragen, Konkurrenz suchen, Wettkampf, Vergeltung, Rangfolgen schaffen, gewinnen
niedrig	Harmonie suchen, Konflikte vermeiden, Ausgleich anstreben, Streit schlichten

Schönheit

hoch	erotisches, lustvolles Leben, Sexualität genießen, Interesse an Schönheit, Design, Kunst
niedrig	Askese, Nüchternheit und Purismus

Essen

hoch	Genuss und/oder Menge bei Nahrung und »Speisen«
niedrig	Hunger stillen

Körperliche Aktivität

hoch	Freude an Bewegung, Fitness, Körpererfahrungen zulassen
niedrig	»no sports«, geringe körperliche Belastungen, kaum Körperlichkeit suchen

Emotionale Ruhe

hoch	Entspannung und emotionale Sicherheit suchen, Angstvermeidung, Stressvermeidung	☐
niedrig	Stressrobustheit, Risiko auf sich nehmen, »cool bleiben«, in sich ruhen	☐

Bedürfnisse; in dieser Konstellation sind es die Talente, Kenntnisse und Erfahrungen, die untergeordnet sind, also zu Nebenbedingungen werden. Die Ich-Strategie besagt: Ich sage dir, was ich gerne tun möchte, prüfe du bitte, ob bei dir die Möglichkeit besteht, genau dies zu tun.

Du- oder/und Ich-Strategie? Damit keine Missverständnisse aufkommen: Ihre Talente, Kenntnisse und Erfahrungen verlieren damit keinesfalls an Bedeutung. Sie taugen nur nicht als Ausgangspunkt der Strategieformulierung. Wir wollen mit der Ich-Strategie auch nicht Ihre bisherige Du-Strategie ersetzen. Was Sie als Bewerber anstellen, ist uns zunächst einmal relativ egal, das müssen Sie selbst entscheiden, denn Sie sind es ja auch, der den Job am Ende machen muss. Die Du-Strategie gehört in den Bereich der klassischen Bewerbung und taugt nicht zur »Eroberung« des verdeckten Stellenmarktes. Die Ich-Strategie ist für den verdeckten Stellenmarkt konzipiert; Sie können sie auch im offenen Stellenmarkt verwenden – von Nachteil ist das ganz bestimmt nicht.

Die Du-Strategie taugt nur für den offenen Stellenmarkt; im verdeckten Stellenmarkt versagt sie. Die Ich-Strategie funktioniert nicht nur im verdeckten, sondern auch im offenen Teil des Marktes.

Wenn Sie Ihre Motive zum Ausgangspunkt Ihrer Überlegungen für die berufliche Zukunft machen, lautet die Frage, die Sie sich stellen müssen, nicht »Was kann ich am besten?«, sondern »Was tue ich am liebsten?« Da wir hier aber nicht von Freizeit und Vergnügen, sondern von Ihrer wirtschaftlichen Basis sprechen, werden Sie sich im Anschluss daran noch einige weitere Fragen stellen müssen; zunächst einmal diese: Sind die Lieblingstätigkeiten, die Sie identifiziert haben, für andere Menschen so nützlich, dass diese bereit sind, Ihnen dafür (genug) Geld zu zahlen?

Was tue ich am liebsten?

Die zweite Frage, die Sie sich stellen müssen, lautet also: »Gibt es jemanden, der bereit ist, mir für das, was ich gerne tun möchte, so viel Geld zu geben, wie ich gern hätte?« Darauf gibt es in der Regel drei Arten von Antworten.

Bringt das genug ein?

- Dafür gibt es überhaupt kein Geld. Wenn Sie Ihrer Lieblingsbeschäftigung nachgehen wollen, ist das Ihr »Privatvergnügen«!
- Dafür gibt es Geld, aber es gibt auch etliche Menschen, die etwas Ähnliches machen wollen, sodass der Wettbewerb um die »Aufträge« groß ist.
- Dafür gibt es genug Geld, weil es Nachfrage und nur wenige Wettbewerber gibt. In diesem Fall wissen Sie, dass Sie mit Ihrer Tätigkeit eine Alleinstellung haben – zumindest in einem gewissen Umfang.

Vielleicht wundern Sie sich, dass bisher immer noch nicht die Frage nach den Talenten oder dem Können aufgetaucht ist. Irgendwann müssen Sie sich natürlich die Frage nach den erforderlichen Voraussetzungen stellen. Viele Menschen stellen sie viel zu früh, beantworten sie falsch und streichen auf diese Weise interessante berufliche Optionen aus ihrer Stoffsammlung, obwohl es gar nicht nötig gewesen wäre. Falsch ist die Frage in den meisten Fällen beantwortet, wenn der Antwort die Annahme zugrunde liegt, man müsse »perfekt« sein, um eine bestimme Aufgabe übertragen zu

Genug Talent?

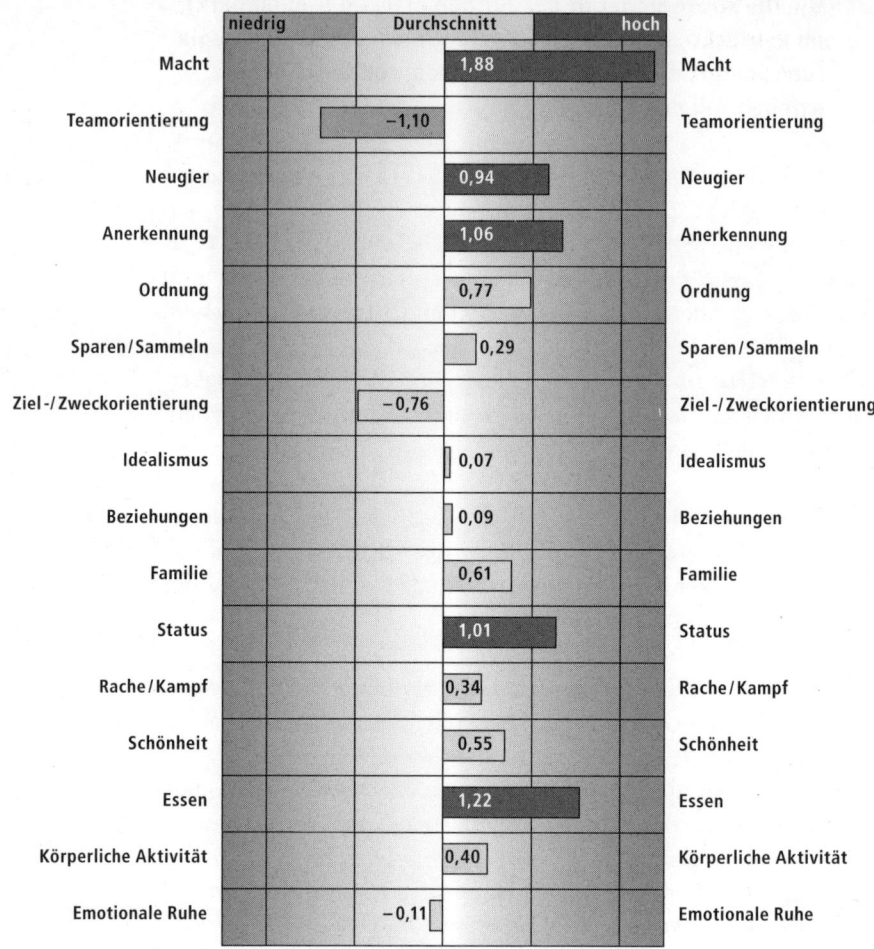

niedrig	Durchschnitt	hoch

Macht	1,88	Macht
Teamorientierung	−1,10	Teamorientierung
Neugier	0,94	Neugier
Anerkennung	1,06	Anerkennung
Ordnung	0,77	Ordnung
Sparen/Sammeln	0,29	Sparen/Sammeln
Ziel-/Zweckorientierung	−0,76	Ziel-/Zweckorientierung
Idealismus	0,07	Idealismus
Beziehungen	0,09	Beziehungen
Familie	0,61	Familie
Status	1,01	Status
Rache/Kampf	0,34	Rache/Kampf
Schönheit	0,55	Schönheit
Essen	1,22	Essen
Körperliche Aktivität	0,40	Körperliche Aktivität
Emotionale Ruhe	−0,11	Emotionale Ruhe

Quelle: reissprofile.eu

Beispiel für die Ausprägung der Reiss-Motive

bekommen. Wäre diese Annahme richtig, hätte man Ihnen vermutlich keinen einzigen Ihrer bisherigen Jobs übertragen.

Die Frage nach den eigenen Talenten ist im beruflichen Orientierungsprozess berechtigt, aber sie darf nicht zu früh gestellt werden, sonst verstellt sie den Blick auf die Chancen.

Ob direkt nach dem Ende der Ausbildung oder auch später – fast immer ist man bei Jobantritt noch nicht in der Lage, eine neue Position hundertprozentig auszufüllen. Das ist vermutlich auch gut so, sonst wäre so mancher Job bereits nach kurzer Zeit sterbenslangweilig. Außerdem interessiert man sich wohl kaum für einen neuen Job, wenn er sich von dem bisherigen nur unwesentlich unterscheidet, es sei denn, man hat gerade seinen Job verloren und ist froh darüber, etwas Vergleichbares machen zu können. Sie bekommen den neuen Job, obwohl es sein könnte, dass er Sie überfordert – man setzt also Hoffnung in Sie, dass Sie »an der Aufgabe wachsen«.

Ansprüche runterschrauben

Genau das ist – leide – jetzt [handschriftliche Notiz am Rand]

Sie bekommen den Job hingegen nicht, wenn man davon ausgehen muss, dass er Sie unterfordert. Diesen Mechanismus bekommen insbesondere Langzeitarbeitslose zu spüren, die aus lauter Verzweiflung durchaus bereit wären, einen Job anzunehmen, der »eine Etage« unter ihrem bisherigen Job angesiedelt ist. Das funktioniert in den wenigsten Fällen, weil man unterstellt, dass dieser Job sofort wieder »hingeworfen« wird, sobald sich etwas Besseres findet.

Unterforderung

Talente, Wissen und Kenntnisse haben in vielen Bereichen des Berufslebens nicht den Stellenwert, den man ihnen während der Schule oder während der Hochschulzeit beimisst. Die Geschwindigkeit, mit der Wissen veraltet, nimmt stetig zu. Die Fähigkeit, schnell neues Wissen und neue Fertigkeiten zu erwerben, wird jedenfalls schon heute vielfach höher geschätzt als ein profunder Wissensbestand. Die »Alten« bekommen das im Berufsleben bereits deutlich zu spüren.

Wissen veraltet

Viele Menschen glauben, wenn sie die Ich-Strategie »fahren«, müssten sie sich verkaufen wie einen Markenartikel. Manche

Verkauf einer Dienstleistung

Menschen denken beim Wort »Verkaufen« unwillkürlich an den Staubsaugervertreter. Nichts wäre unsinniger. Der Verkauf Ihrer persönlichen Arbeitsleistung ist wie der Verkauf einer Dienstleistung. Im Lehrbuch (*Allgemeine Betriebswirtschaftslehre*, S. 148) steht zum Stichwort »Dienstleistungsmarketing«:

- Dienstleistungen sind immateriell, weder lagerbar, noch transportfähig und häufig nicht »sichtbar« bzw. konkret fassbar.
- Dienstleistungen sind nicht standardisiert.
- Dienstleistungen erfordern die aktive Beteiligung des Kunden an der Dienstleistungserstellung.
- Kommunikation ist expliziter Bestandteil der Dienstleistungen.
- Leistungsmerkmale des Anbieters sind oft nicht objektiv nachprüfbar.
- Die Qualität der Dienstleistung ist objektiv schwer nachprüfbar.

An diesen Punkten wird unseres Erachtens deutlich, dass Talent und Können bei der Vermarktung einer Dienstleistung erst in dritter oder vierter Linie von Bedeutung sind. Vielleicht liefert Ihnen diese Aufstellung auch die Erklärung dafür, weshalb sich »Selbstdarsteller«, »Windbeutel« und »Schaumschläger« oft erstaunlich lange in ihren Positionen behaupten können, ehe sie als solche entlarvt werden.

Affinitäten und Wirkungskreis

Die Frage »Was tue ich am liebsten?« umfasst zwei »Dimensionen« – »Was tue ich?« stellt die Frage nach der eigentlichen Tätigkeit, und »In welchem Umfeld tue ich etwas?« stellt die Frage nach dem Tätigkeitsfeld beziehungsweise Wirkungskreis.

Diese Dimensionen sind nicht immer leicht auseinanderzuhalten, da manche Tätigkeiten und Aufgaben überhaupt nur in einem bestimmten Kontext vorstellbar sind; Sie müssen sie auch nicht sauber trennen, wenn das für die Schärfung Ihres Profils nicht erforderlich ist. Andererseits sollten Sie sich klar darüber sein, dass eine Aufgabe, die Sie gerne ausüben, noch weitaus mehr Reiz hat, wenn Sie sie in einem Wirkungskreis ausüben können, der für Sie besonders attraktiv ist.

Im Anforderungsprofil der Headhunter wird im Allgemeinen die Branche genannt, in der das suchende Unternehmen tätig ist. Bei unseren bisherigen Überlegungen war bisher noch nirgends von einer Branche die Rede. Wenn Sie in der derzeitigen Branche – Ihrem bisherigen Tätigkeitsfeld – bleiben möchten, weil es für Sie nichts Besseres und Attraktiveres gibt, dann haben Sie in diesem Punkt keinen Definitionsbedarf.

Relevanz der Branche

Vielleicht ist die Branche für Sie auch nebensächlich, weil die von Ihnen angestrebte Tätigkeit branchenunabhängig ist. Das ist bei vielen Verwaltungsfunktionen der Fall. Es macht vermutlich kaum einen Unterschied, ob Sie die Bilanz für einen Schraubengroßhandel oder für ein Pharmagroßhandelsunternehmen anfertigen – die Zahl der Artikel dürfte in beiden Fällen bei mindestens 20 000 liegen. Wenn es nicht die Branche ist, dann wird es ein anderes Kriterium oder sogar ein ganzes Bündel von Kriterien sein, das Sie der Wahl Ihres idealen Wirkungskreises zugrunde legen werden.

Idealer Wirkungskreis?

In sehr vielen Fällen lässt sich das zukünftige Tätigkeitsfeld kaum anhand einer Branche eingrenzen – das ist nicht nur bei den Verwaltungsfunktionen so. Die klassische Gliederung in Wirtschaftszweige ist für etliche Tätigkeitsfelder denkbar ungeeignet. Wie Sie Gliederungskriterien finden, die für Ihre Zwecke besser geeignet sind, werden wir im Folgenden noch erläutern.

> **Es ist nicht nur die Branche, die bei der Wahl des gewünschten Wirkungskreises relevant ist. In manchen Fällen ist sie sogar völlig unerheblich.**

Vor vielen Jahren fragte eine gute Bekannte, die auf der Suche nach einer »neuen Herausforderung« war, wie sie verhindern könne, dass sie interessante Tätigkeitsfelder übersähe. Die (nicht ganz ernst gemeinte) Antwort: »Binde dir das Pulsmessgerät um, das du sonst beim Sport benutzt, und blättere das Branchenver-

Faktor Pulsfrequenz

zeichnis durch. Immer wenn sich dein Puls beschleunigt, hast du eine für dich attraktive Branche identifiziert.«

Sexy? Genau das hat sie dann tatsächlich gemacht – ohne Pulsmessgerät und über etliche Tage verteilt. »Wenn ich gewusst hätte, dass es so viele interessante Tätigkeitsfelder gibt, hätte ich schon sehr viel früher über einen Jobwechsel nachgedacht«, war anschließend ihr Fazit. Es geht also darum, herauszufinden, zu welchen Tätigkeitsfeldern man sich besonders hingezogen fühlt. Was finden Sie besonders »sexy« und interessant?

Zweifel An diesem Punkt beschleicht so manchen werdenden Ich-Strategen das Gefühl, das sei doch nun alles ein bisschen sehr freudvoll – zuerst nach der Tätigkeit suchen, die man am liebsten von morgens bis abends ausüben möchte, und nun auch noch die Frage, welchen Wirkungskreis man besonders »sexy« findet?! Entfernt man sich damit nicht zu weit von der doch eher tristen und vielfach langweiligen Realität unserer Arbeitswelt? Schließlich will man doch nicht im »Wolkenkuckucksheim« arbeiten und Spielgeld kassieren, sondern hat eine Familie zu ernähren und regelmäßig gewissen finanziellen Verpflichtungen nachzukommen.

Fassen Sie Mut Ja, wir haben Verständnis für Ihre Zweifel, und wir teilen Ihre Einstellung, dass man nicht immer das machen kann, was man gern tun möchte. Unsere Antwort lautet: Wenn Sie etwas, was Sie gerne tun würden, gar nicht erst ins Auge fassen, wird unter Garantie nichts daraus. Wenn Sie Träume, Wünsche und Hoffnungen gar nicht erst zulassen und sich mit Tristesse und Langeweile arrangieren, dann wird nicht nur Ihr Arbeitsalltag, sondern auch am Ende Ihr ganzes Leben arm und inhaltsleer gewesen sein. Die meisten Menschen bedauern, so haben wir uns sagen lassen, am Ende ihres Lebens nicht, was sie getan haben, sondern was sie unterlassen und versäumt haben. Wollen Sie sich dazuzählen?

Machen Sie Ihr Ding Trauen Sie sich etwas! Es geht mehr, als Sie denken! Das berufliche Glück liegt häufig abseits der ausgetretenen Pfade. Die Erfolgreichsten und Glücklichsten, denen wir begegnet sind, waren fast immer Menschen, die ihr »ganz eigenes Ding gemacht haben«. Ihr Trick bestand oft darin, dass sie das, was sie besonders gern tun wollten, in einen Tätigkeitsbereich verlagert haben, in dem ihre Arbeitsweise bisher unüblich war. Ein Alleinstellungsmerkmal erarbeiten Sie durch die geschickte Kombination Ihrer »Lieblingstätigkeit« mit Ihrem »Lieblingstätigkeitsfeld«. Wenn dann auch noch Talent hinzukommt, kann eigentlich nicht mehr viel schiefgehen!

Meiden Sie ausgetretene Pfade und erlauben Sie es sich, »Ihr Ding« durchzuziehen. Es gibt mehr Möglichkeiten, als Sie denken.

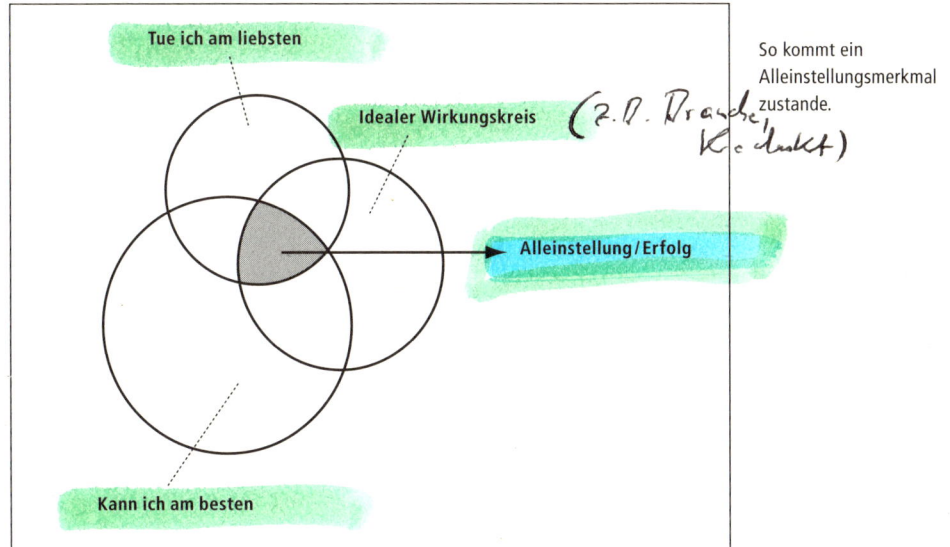

Tue ich am liebsten

Idealer Wirkungskreis

(z. B. Branche, Kredukt)

So kommt ein Alleinstellungsmerkmal zustande.

Alleinstellung / Erfolg

Kann ich am besten

5. Was kann ich?

Auch wenn Sie mit einem potenziellen zukünftigen Arbeitgeber mündlich in Kontakt gekommen sind, wird man Sie früher oder später nach schriftlichen Unterlagen fragen, und natürlich benötigen Sie diese auch für Ihre Aussendung. Wir wollen Ihnen zeigen, wie Sie in der Vorbereitung dafür die Zusammenstellung Ihrer Daten dazu nutzen können, Klarheit über Ihre »Lieblingstätigkeiten« und über Ihre Stärken zu gewinnen.

Der Maximallebenslauf

Bilanzierung der Stärken
Welches Wissen, welche Kenntnisse, Erfahrungen und Fertigkeiten man hat, dokumentiert man üblicherweise in einem Lebenslauf. Viele Menschen meinen, nicht ganz zu Unrecht, ein Lebenslauf sollte nicht länger als zwei oder drei Seiten sein. Wenn Sie sich jedoch von vornherein nur auf die Komprimierung der Daten konzentrieren, kann es sein, dass die Bilanzierung Ihrer Stärken etwas zu kurz kommt. Wir empfehlen Ihnen deshalb, für sich selbst einen Maximallebenslauf anzufertigen. Dieser Maximallebenslauf ist eine Art »Vielzweckwaffe«.

Stoffsammlung
Seine erste Funktion ist die einer Stoffsammlung: In den Maximallebenslauf sollten Sie alles hineinschreiben, was jemals für einen Ihrer zukünftigen Adressaten von Interesse sein könnte. Er stellt also so etwas wie ein vorweggenommenes Vorstellungsgespräch dar, in dem sich bereits die Antworten zu allen Sach- und Fachfragen befinden.

Vollständigkeitskontrolle
Seine zweite Funktion ist die Vollständigkeitskontrolle. Bei der Zusammenstellung der Angaben für den Lebenslauf bleiben mitunter ein paar Daten und Fakten »auf der Strecke« – einfach aus

Vergesslichkeit; dem beugen Sie mit diesem Maximallebenslauf vor.

Die dritte Funktion: Der Maximallebenslauf liefert das Gerüst für die unterschiedlichen Lebenslaufvarianten, die Sie zur Aussendung fertigstellen. Oft werden Sie es mit zwei oder sogar drei unterschiedlichen Zielgruppen zu tun haben, für die Sie jeweils ein separates Anschreiben verfassen müssen. In solchen Fällen sollten Sie möglicherweise auch für Ihren Lebenslauf zwei oder drei Varianten vorsehen, um dem unterschiedlichen Informationsbedürfnis der jeweiligen Zielgruppe besser gerecht zu werden.

Lebenslauf- varianten

Eine weitere Funktion des Maximallebenslaufs besteht darin, Ihnen Klarheit über die eigenen Erfahrungs- und Interessensschwerpunkte zu verschaffen.

Am besten legen Sie sich in Ihrer Textverarbeitung eine Tabelle mit fünf Spalten und mindestens 200 Zeilen an.

Vorlage erstellen

Datum 1	Datum 2	Daten und Fakten	K	W

Mustervorlage für Ihren Maximallebenslauf

Spalte 1 und 2 sind für Ihre Datumsangaben vorgesehen. Wenn Sie in einem Unternehmen mehrere Stationen durchlaufen haben, empfehlen wir, zunächst in der »normalen« Datumsspalte die Gesamtdauer der Firmenzugehörigkeit anzugeben und dann die Zeitangaben für die einzelnen Stationen, die Sie in dieser Firma hatten, einzurücken. Sie wollen doch nicht den Eindruck erwecken, Sie seien ein »Jobhopper«, der ständig die Firma gewechselt hat. Da man innerhalb von Tabellen oft nicht mit Tabulatoren arbeiten kann, empfehlen wir, hierfür gleich von vornherein eine zweite Datumsspalte vorzusehen; sie nachträglich einzufügen, kann überaus mühevoll werden. Brauchen Sie eine solche Spalte nicht, weil der geschilderte Fall in Ihrem beruflichen Werdegang nirgends vorkommt, dann sehen Sie nur vier anstelle von fünf Spalten vor.

Einteilung

In Spalte 3 stehen die Daten und Fakten, soweit es sich nicht um Datumsangaben handelt, und Spalte 4 und 5 sind für einen Check vorgesehen. Für diese beiden Spalten reicht jeweils eine Breite von je einem einzigen Zeichen. Sie verschwinden bei der Fertigstellung eines versandfähigen Lebenslaufs wieder – es wäre also gut, den rechten Rand in der Dokumenteneinstellung auf 1 Zentimeter zu setzen, um Platz für diese beiden Spalten zu schaffen.

Die Checkliste auf Seite 107 zeigt Ihnen, welche Daten in den Maximallebenslauf hineingehören.

Berufliche Tätigkeiten

Das Wichtigste an diesem Maximallebenslauf sind natürlich Ihre beruflichen Tätigkeiten. Listen Sie sie detailliert auf, auch wenn Sie sie später wieder für Ihre Lebensläufe zusammenfassen müssen. Suchen Sie, falls nötig, aus Ihren Zeugnissen die Beschreibungen Ihrer jeweiligen Aufgaben heraus und fügen Sie diese hier an. Werden in den Zeugnissen einige Teilaufgaben nicht genannt, an die Sie sich gut erinnern können, dann tragen Sie sie bitte ebenfalls ein.

Berufliche Ergebnisse und Erfolge

Tragen Sie in Ihre Stoffsammlung nicht nur Tätigkeiten und Funktionen ein, sondern auch Ergebnisse und Erfolge. Auch die Gründe, die Sie veranlasst haben, den Job zu wechseln, sind es wert, festgehalten zu werden – und zwar ohne Beschönigungen.

Praktika und Aushilfstätigkeiten

Vergessen Sie bitte die Praktika und Aushilfstätigkeiten nicht, auch wenn diese vermutlich in der Endversion Ihrer Lebensläufe nicht mehr auftauchen werden.

Nebenberufliche und ehrenamtliche Tätigkeiten

Ergänzen Sie im Maximallebenslauf auch die nebenberuflichen und ehrenamtlichen Tätigkeiten, halten Sie Belobigungen und Auszeichnungen fest, dokumentieren Sie Vereinszugehörigkeiten oder Mitgliedschaften – auch die Zugehörigkeit zu Parteien oder parteinahen Organisationen.

Hobbys

Führen Sie alle Hobbys auf und beschreiben Sie diese ausreichend detailliert. Aussagen wie »Lesen« oder »Sport« gelten nicht – das ist zu wenig. Sie müssten schon angeben, ob Sie aktiver Sportler sind oder ob Sie Sport gerne im Fernsehen sehen. Geben Sie an, welchen Sport Sie betreiben und ob Sie das im Verein tun.

Checkliste Maximallebenslauf

Persönliche Daten
   Vorname
   Name
   Anschrift
   Telefonnummer
   Faxnummer
   Mobilnummer
   Geburtsdatum
   Geburtsort
   Staatsangehörigkeit
   Familienstand
   Religionszugehörigkeit (bei Tendenzbetrieben)
Ausbildung
   Schulen
   Hochschulen
   Abschlüsse
Fortbildung
   Studienreisen
   Kurse
   Trainings
Besondere Kenntnisse und Erfahrungen /
Fremdsprachenkenntnisse
   EDV-Kenntnisse
   Auslandsaufenthalte
Berufliche Erfahrung
   Praktika
   Aushilfsstätigkeiten
   Nebenjobs/Ferienjobs
   Berufstätigkeit
Hobbys
Außerberufliches Engagement
   Ehrenämter
   Mitgliedschaften
Meisterschaften
Auszeichnungen

Ähnliches gilt für das Hobby Lesen. Geben Sie an, ob Sie Fantasy-romane, Fachliteratur, englische Literatur des Mittelalters oder Gedichte von Goethe lesen. Nur dann wird der Leser Ihrer Unterlagen damit etwas anfangen können.

Das Ausfüllen des Maximallebenslaufes erfordert Zeit und Geduld. Diese Mühe lohnt sich, weil Sie so Klarheit über das bereits Erreichte bekommen. Außerdem ist es danach ein Leichtes für Sie, den Lebenslauf zu modifizieren oder daraus einen neuen zu erstellen.

hal machen: Yes!

Bewertung nach »kann ich« / »mag ich«

Wenn Ihre Stoffsammlung vollständig ist, sollten Sie sich Spalte 4 und 5 vornehmen. Das »K« in Spalte 4 steht für »Können«, das »W« in Spalte 5 für »Wollen«.

Können oder Wollen? Gehen Sie alle Positionen Ihrer Stoffsammlung durch und machen Sie überall dort ein Kreuz oder ein Häkchen, wo Sie ganz klar sagen können: »Das beherrsche ich richtig gut!« (K) In einem zweiten Durchgang markieren Sie dann alle Positionen Ihrer Stoffsammlung, über die Sie ganz klar sagen können: »Damit beschäftige ich mich ganz besonders gern!«, also: »Das will ich.« (W) Dieses Verfahren sollten Sie auch auf alle Ausbildungs- und Fortbildungsstationen anwenden. Halten Sie sich nicht mit Spitzfindigkeiten auf. Es geht bei dieser »Übung« nicht um Präzision, sondern um das Erkennen von Tendenzen.

Übung Damit hätten Sie dann bereits ein recht umfassendes Talent- und Motivprofil. Da dieses Profil aber nur Angaben zu Tätigkeiten und Funktionen liefert, die Sie bereits ausgeübt haben, nicht aber zu denen, die Sie möglicherweise gerne ausüben möchten, sollten Sie auch noch unsere sieben »Was-wäre-wenn-Fragen« beantworten:

- Womit würden Sie sich beschäftigen, wenn Sie mehr Freizeit hätten und das dafür erforderliche Geld vorhanden wäre?

aktiv sein, Reisen & die Welt anschauen:

- Wenn Sie sich für ein einziges Hobby entscheiden müssten, welches wäre das?

Lesen

- Angenommen, jemand würde Ihnen eine Auszeit finanzieren mit der Maßgabe, dass Sie in dieser Zeit auf seine Kosten eine Fortbildung machen; welche Art von Fortbildung wäre das?

erneuerbare Energien?? gute Frage? → eine Art fachl. de "Umschul." z.B. erneuerbare Energie

- Wie sieht Ihr Traumjob aus? Beschreiben Sie zum Beispiel die Branche, den Anwendungsbereich, den Verantwortungsrahmen oder mit welchen Kunden beziehungsweise mit welchen Problemstellungen Sie es am liebsten zu tun hätten.

wertiges Branche / Anwendung: ein "sinnstiftendes" Produkt Verantw.: Unternehmer, JF eher B2B, dann Endkunde?? (evtl. eher B2B) Kehr.- Beratg.

- Was wollen Sie bis zum Ende Ihres Arbeitslebens erreicht haben?

[handschriftlich:] Im Idealfall eine eigene Firma ("klein, aber fein") ein schöner und unterschwerte Ruhestand!

- Haben Sie ein Motto, mit dem sich Ihre Lebenseinstellung charakterisieren lässt?

[handschriftlich:] man muß an etwas glauben und si ernsthaft bemühe, es zu erreich dann klappt's auch!

- Als was oder als wer möchten Sie Ihren Mitmenschen und Angehörigen dauerhaft in Erinnerung bleiben?

[handschriftlich:] als jemand der sich "Gedanke gemacht hat, was erreicht ha und nicht nur an sich selbs gedacht hat,-

Wenn Sie die »Was-wäre-wenn-Fragen« durchgearbeitet haben, sollten Sie überprüfen, ob unter Ihren Antworten Aufgaben und Funktionen auftauchen, die sich im Rahmen einer beruflichen Tätigkeit nutzen ließen. Dann müssten Sie sich noch die Frage stellen, ob Sie die nötigen Vorkenntnisse und Fähigkeiten haben, diese Aufgaben und Funktionen auch tatsächlich beruflich zu nutzen, beziehungsweise mit welchem Aufwand sich die erforderlichen Kenntnisse und Fertigkeiten erwerben ließen.

Können und Wollen

Nun sollten Sie Ihre Erkenntnisse aus den »Was-wäre-wenn-Fragen« und dem »Maximallebenslauf« zusammentragen und separat notieren. Fassen Sie alles zusammen, worauf sowohl die Aussage »Damit beschäftige ich mich ganz besonders gern« als auch »Das beherrsche ich richtig gut« zutrifft. Das sind die Grundelemente für Ihre zukünftige Tätigkeit.

Schreiben Sie auch alles heraus, was Sie zwar gerne tun, aber (noch) nicht gut beherrschen. Daraus könnten Sie – zusammen mit den Tätigkeiten aus den »Was-wäre-wenn-Fragen«, zu denen Ihnen noch die Voraussetzungen fehlen – Ihre ganz persönliche »Personalentwicklungsstrategie« ableiten.

Das Ausfüllen und Auswerten des Maximallebenslaufes ergibt zusammen mit der Auswertung der Was-wäre-wenn-Fragen sowohl eine Übersicht über die Grundelemente einer zukünftigen Tätigkeit als auch eine Idee davon, was mittelfristig möglich sein könnte.

Am besten speichern Sie jetzt auch den Maximallebenslauf mit den ausgefüllten Spalten 4 und 5 gut ab für den Fall, dass Sie einmal »rückfällig« werden und glauben, im alten Du-strategischen Fahrwasser weitermachen zu müssen. Aus diesem Dokument können Sie immer wieder ablesen, was Sie (zur Not) auch noch tun könnten – auch wenn der Lustfaktor bei der Ausübung dieser Tätigkeiten sicherlich zu kurz käme.   **Archivieren**

Talentliste

Falls Sie sich nicht längst im Klaren darüber sind, wo Ihre Talente liegen, werfen Sie einen Blick auf unser Talent-Inventar. Es soll Ihnen dabei helfen, ein wenig Struktur in Ihre Talentlandschaft zu bringen. Legen Sie den Maximallebenslauf daneben und fragen Sie sich, ob es Gemeinsamkeiten unter den Tätigkeiten gibt, die Sie gut beherrschen, und wenn ja, auf welchen Talentschwerpunkt sie hinweisen.

Talent-Inventar mit Beispielen

Körperliche Fähigkeiten / Talente	
Motorisches Talent	
Geschicklichkeit	z. B. Handwerker, Mechaniker, Arzt
Ausdauer, Belastbarkeit	z. B. Tropentauglichkeit, Flugtauglichkeit
Koordinationsvermögen	z. B. Tänzer, Musiker, Sportler
Reaktionsvermögen	z. B. LKW-Fahrer
Sensorisches Talent	
Sehen	z. B. Maler
Hören	z. B. Klavierstimmer
Schmecken	z. B. Koch
Riechen	z. B. Parfumeur
Tastsinn	z. B. Schneider
Talente im Denken, Erinnern, Vorstellen, Lernen (kognitive Talente)	
Logisch-mathematische Fähigkeiten	
Mathematische Begabung	Fähigkeit, schwierige mathematische Operationen durchzuführen
Analytisches Vermögen	Fähigkeit, Probleme logisch zu analysieren
Zahlenverständnis	Freude am Umgang mit Zahlen
Strategisches Denken	zukunftsorientiert denken, in Alternativen denken
Assoziativ-kreatives Talent	
Kreativität	Fähigkeit, Zusammenhänge, Denk- oder Sichtweisen aufzubrechen
Organisationstalent	Fähigkeit zum Strukturieren und Arrangieren
Problemlösungsvermögen	Lösungen finden, trotz bestehender Wissens- und Informationslücken
Konzeptionsvermögen	Fähigkeit, Dinge in einen neuen Zusammenhang zu stellen

Räumliches Vorstellungsvermögen	
Für große Räume	z. B. Navigator, Pilot
Für eng begrenzte Räume	z. B. Architekt, Bildhauer, Chirurg, Konstrukteur

Sprachbegabung	
Sprachtalent	Fähigkeit, z. B. schnell Fremdsprachen zu lernen
Kommunikationsvermögen	Fähigkeit, mit sprachlichen Mitteln Zugang zu anderen zu finden
Formulierungsgabe	Fähigkeit, Ideen, Gedanken und Gefühle treffend in Worte zu fassen

Musikalisches Talent	
	Musizieren
	Komponieren
	Sinn für musikalische Prinzipien

Beziehungstalente	
Überzeugungskraft	Fähigkeit, die Zustimmung anderer zu gewinnen
Einfühlungsvermögen	Fähigkeit, die Gefühle und Sichtweisen anderer wahrzunehmen
Behutsamkeit	Fähigkeit, besonnen und rücksichtsvoll mit Dingen oder Personen umzugehen
Kontaktfähigkeit	Fähigkeit, auf andere zuzugehen
	Fähigkeit, Beziehungen dauerhaft aufrechtzuerhalten
	Fähigkeit, ein Netz von Beziehungen zu knüpfen
Anpassungsfähigkeit	Fähigkeit, sich schnell auf wechselnde Situationen einzustellen
Unterscheidungsvermögen	Fähigkeit, individuelle Unterschiede zu beobachten und wahrzunehmen
Showtalent	Fähigkeit, bei anderen Spannung und Begeisterung zu erzeugen

Selbstbild – Fremdbild

Lieblings-
tätigkeiten

Wichtiger als eine präzise Zuordnung Ihrer bisherigen Tätigkeiten zu einem bestimmten Talentschwerpunkt wäre es, Ihre »Lieblingstätigkeiten« auf Gemeinsamkeiten durchzugehen und zu überprüfen, ob sich daraus ein Grundmuster erkennen lässt.

Spiegelvorhalter
finden

Es ist nicht ganz einfach, dies in Eigenregie und auf analytischem Wege herauszufiltern. Andere Menschen erkennen unsere Besonderheiten oft blitzschnell und intuitiv; deshalb wäre an dieser Stelle unser wichtigster Rat: Holen Sie sich Hilfe von außen! Lassen Sie sich zusätzlich auch von anderen Menschen den Spiegel vorhalten. Das können Freunde, Bekannte, Kollegen, Exkollegen, Lehrer, ehemalige Lehrer, Vereinskameraden und andere Menschen sein, mit denen Sie längere Zeit in Verbindung standen. Das Problem bei dieser Vorgehensweise sind nicht die »Spiegelvorhalter«, sie werden in den wenigsten Fällen irritiert oder negativ auf das Ansinnen reagieren. Das Problem liegt oft in der Rat suchenden Person selbst – wie soll man seine Freunde und Bekannten um diesen Dienst bitten? Probieren Sie es doch einfach einmal so:

»Ich bin gerade dabei, mir sehr ernsthafte Gedanken zu meiner beruflichen Zukunft zu machen, und frage mich in diesem Zusammenhang, was ich wirklich in die Waagschale zu werfen habe. Aber es ist wahnsinnig schwer, sich selbst zu beurteilen. Jedem Menschen springen die Besonderheiten und Eigenheiten seines Gegenübers sofort ins Auge; sich selbst gegenüber ist man jedoch blind. Du kennst mich gut genug und könntest wahrscheinlich innerhalb weniger Sekunden etliche Eigenheiten und Besonderheiten aufzählen, die dir an mir auffallen. Ich wüsste zu gern, wie du mich siehst. Wärest du bereit, mir zu sagen, was dir ganz allgemein gesehen an mir auffällt? Was unterscheidet mich in deinen Augen von anderen?«

Mit den Augen
anderer

Eine solche Frage zu stellen, kostet ein wenig Überwindung, und die Antworten, also das, was Ihr Gegenüber Ihnen nun schildert, wirken auf Sie vermutlich befremdlich – so wie die eigene Stimme, als Sie diese zum ersten Mal vom Tonband oder auf dem Anrufbeantworter hörten. Aber Sie werden, selbst wenn Ihr Selbstbild sehr weit von dem Fremdbild Ihrer Mitmenschen entfernt sein sollte, nicht vor Schreck tot umfallen.

Riskieren Sie es, sich mit den Augen der anderen zu sehen, das kann ungeheuer bereichernd sein!

Strukturelle Gesichtspunkte

Uns als »Beobachtern von Berufs wegen« springen häufig ein paar grundlegende Eigenschaften unserer Mandanten ins Auge. Sie erschließen sich auch oft aus der Lektüre ihres Lebenslaufes oder aus dem, was uns an mündlichen Erläuterungen dazu gegeben wird. Wir haben für diese Eigenschaften kein wissenschaftlich untermauertes Raster, es ist eigentlich nicht mehr als eine simple »hausinterne« Typologie von Verhaltensmustern. Aber wir stellen fest, dass es für unsere Mandanten hilfreich ist, mit ihnen darüber zu reden. Das erleichtert es ihnen, später eine sinnvolle Auswahl unter den Zielfirmen und den Zieljobs zu treffen.

Alter und Altersaffinität

Man kann zwischen physischem und mentalem Alter unterscheiden: Manche Menschen wirken so alt, wie sie sind, manche wirken älter, als sie sind, und manche wirken noch recht jung, obwohl sie schon recht alt sind. Das hat häufig etwas mit ihrer inneren Einstellung zu tun. Es gibt in diesem Zusammenhang ein interessantes Phänomen. Wir nennen es »Altersaffinität«, und es besagt, dass Menschen – insbesondere im Geschäftsleben, beim Konsumverhalten oder in der Konstellation Käufer/Kunde – ihren Gesprächspartner nur »ernst« nehmen, wenn er ihrer Altersklasse angehört. Unterschreitet oder überschreitet der Gesprächspartner ein gewisses Alter, dann verliert er an Überzeugungsvermögen und Glaubwürdigkeit.

Physisches und mentales Alter

Väter und Mütter von halbwüchsigen Kindern werden jetzt vermutlich wissen, wovon die Rede ist. Es kommt wohl im Leben aller Kinder eine Phase, da werden die eigenen Eltern beim Zusammentreffen mit den Freunden, Bekannten und Schulkamera-

Peinliche Eltern

den, so dezent sie sich auch verhalten mögen, als eher »peinlich« empfunden. Und jeder Versuch der Eltern, sich an Stil und Verhalten der Kinder anzupassen, verschärft dieses Phänomen noch.

Passendes Altersverhältnis Der »Senior« lässt sich ein Produkt oder eine Dienstleistung nur ungern von einem »Grünschnabel« verkaufen. Im umgekehrten Fall hat für den Jugendlichen nur der junge Verkäufer Glaubwürdigkeit. Hier dürfte einer der Gründe liegen, weshalb viele der sogenannten 50-Plus-Aktivitäten ins Leere laufen. Der 55-jährige Informatiker kann sich noch so viele leere Pizzakartons neben, auf oder unter seinen Schreibtisch legen, er wird in einer »Softwarebude« immer ein Exot sein, was sich mit Sicherheit auf seine Verweildauer auswirken wird. Es gilt also, ein Gespür dafür zu entwickeln, wo man vom Alter her hingehört und wohin nicht.

> **Das Thema Alter spielt, bewusst oder unbewusst, bei der Auswahl von Bewerbern und der Akzeptanz im beruflichen Umfeld eine Rolle, mit der es sich auseinanderzusetzen lohnt.**

Drehzahl

Hoch oder niedrig? Der Begriff »Drehzahl« ist wohl weitgehend selbsterklärend. Manche Menschen laufen bei allem, was sie beruflich oder privat bewerkstelligen, auf Hochtouren, andere halten ihren Motor lieber auf Leerlaufdrehzahl – das ist eine Frage des Temperaments. Es gibt Jobs und Firmen, in denen man als Mitarbeiter oder Führungskraft eine hohe Drehzahl haben sollte, und in anderen ist dies nicht erforderlich. Wenn die eigene Drehzahl nicht zur Firma passt, ist dies auf Dauer eigentlich immer ein Grund zur wechselseitigen Unzufriedenheit. Welche Drehzahl eine Firma hat, kann man – zumindest mit geübtem Auge – schon an der Produkt- oder Geschäftsstruktur ablesen.

Ausdauer

Sprinter oder Marathonläufer? Der Begriff »Ausdauer« hängt eng mit der »Drehzahl« zusammen. Wir bitten unsere Mandanten oft, sich mit einem der drei

Begriffe »Sprinter«, »Mittelstreckenläufer« oder »Langstreckenläufer« selbst zu charakterisieren. Der Sprinter will schnell am
Ziel sein, der Langstreckenläufer hat einen »langen Atem«. Auch
diesen Gesichtspunkt sollte man bei der Wahl der Zielfirma berücksichtigen.

Sequenziell versus Multitasking

Dieses Begriffspaar hebt darauf ab, dass manche Menschen nur **Nur eines**
dann ordentliche Arbeit abliefern, wenn sie die Chance haben, eins **oder vieles?**
nach dem anderen zu tun. Andere werden ihre Arbeit erst dann
als lustvoll empfinden, wenn sie möglichst viele Bälle gleichzeitig
in der Luft halten müssen. Wer welcher Kategorie zuzurechnen
ist, kann man auch an der Motivstruktur eines Menschen ablesen.
Allerdings können die meisten Menschen in der Regel auch ohne
detaillierte Untersuchung ihrer Motivstruktur sehr schnell sagen,
welchem Typus sie zuzurechnen sind. Auch dies ist ein Kriterium,
das man bei der Wahl der Zielfirma nicht aus den Augen verlieren
sollte.

Zentralist versus Föderalist

Dieses Begriffspaar ist eine eher zufällige Entdeckung und hängt **Organisations-**
wohl mit unserer Kundenstruktur zusammen. Es gibt unter unse- **struktur?**
ren Kunden Unternehmen, die sind gemäß der föderalen Struktur
der Bundesrepublik strukturiert. In diesen Regionen sitzen – wie
sollte es in einem föderalen System anders sein – »Landesfürs-
ten«. Und da es auch in dieser Art von Organisation eine Reihe
von Entscheidungen gibt, die zentral oder gemeinschaftlich getroffen werden müssen, gibt es in diesen Organisationen auch
Menschen, die in der Lage sind, diese Prozesse mit unendlicher
Geduld und Ausdauer zu moderieren. Diese Art, Entscheidungen
herbeizuführen, scheint uns so grundlegend anders zu sein, als
das, was wir aus anderen Unternehmen kennen, dass wir sie bewusst vom Projektmanagement unterscheiden.

Ob Menschen, die einen solchen dezentralen Entscheidungsprozess moderieren und durchstehen können, in einer zentral orien-

tierten Organisation glücklich werden, können wir nicht beurteilen, aber wir wissen, dass Menschen, die in einer zentralistischen Unternehmenskultur »sozialisiert« wurden, in einer solch dezentralen Struktur sehr schnell scheitern. Also ist auch dies ein wichtiges Kriterium für die Wahl der geeigneten Zielfirmen.

Es ist sinnvoll, manche Kriterien, die zunächst eher nebensächlich wirken – wie Alter, Arbeitsstil oder Ausdauer –, bei der Wahl der Zielfirmen zu berücksichtigen. Das kann die Zahl der infrage kommenden Unternehmen schon reduzieren.

Motivstruktur

Sie werden sich, um mehr über die Details und die Aussagefähigkeit Ihrer Motivstruktur zu erfahren, nicht immer in die Hände eines Reiss-Profile-Masters begeben wollen (wenn doch, können Sie unter *www.reissprofile.eu* lizensierte Coachs finden). Es ist für Sie möglicherweise schon eine kleine Hilfe, wenn Sie zu einer groben Ersteinschätzung Ihrer persönlichen Motivstruktur kommen.

Übung Kehren Sie bitte noch einmal zu der Motivtabelle auf Seite 94ff. zurück. Hinter der Beschreibung der Motivausprägung von neun für den Beruf wichtigsten Motiven haben wir jeweils ein Kästchen vorgesehen. Wenn Sie sich in einer der Beschreibungen wiederfinden und glauben, dass ein Motiv bei Ihnen hoch beziehungsweise niedrig ausgeprägt ist, machen Sie bitte ein Kreuzchen in das jeweilige Kästchen. Wenn Sie den Eindruck haben, dass die Stichworte nur zum Teil oder gar nicht auf Sie zutreffen, machen Sie kein Kreuz. Am Ende werden Sie zwischen null und neun Kreuzen gemacht haben. Mehr als neun sollten es nicht sein. Falls doch, dann haben Sie bei einem oder mehreren Motiven sowohl die hohe als auch die niedrige Motivausprägung angekreuzt, was per Definition ausgeschlossen sein soll.

Sie können aus Ihren Kreuzchen zwar keine weitgehenden, aber doch ein paar naheliegende Schlüsse ziehen. Sie sagen Ihnen nicht unbedingt, was Sie tun, sondern manchmal eher, was Sie meiden sollen. Aber auch das ist eine Aussage, die Ihnen bei der

Formulierung Ihrer Strategie weiterhelfen kann. Schauen Sie sich die folgenden Interpretationen dahingehend an.

■ *Macht hoch:* In einer Aufgabe, in der Sie nicht der Tonangebende sind, werden Sie sich nicht lange wohlfühlen. Überprüfen Sie genau, ob ein Vorgesetzter Ihren »Ansprüchen« gerecht wird und ob Sie ihn akzeptieren können.

Auswertung und Interpretation

■ *Macht niedrig:* Sie werden sich in einer Dienstleistungsaufgabe wohlfühlen, in der Sie ganz auf Ihren »Kunden« eingehen können.

■ *Teamorientierung hoch:* Sie gehören zu den Menschen, die wirklich von sich behaupten dürfen, teamorientiert zu sein; »Einzelkämpfer-Jobs« sind nichts für Sie.
■ *Teamorientierung niedrig:* Streichen Sie »teamorientiert« aus Ihrem Wortschatz; Sie können auch gut in einer Aufgabe arbeiten, in der Sie auf sich selbst gestellt sind.

■ *Neugier hoch:* Wenn Sie von sich sagen, Sie seien »konzeptionell orientiert«, dann ist das glaubhaft. Aufgaben, die intellektuell wenig anspruchsvoll sind, werden Sie schnell langweilen. Abwechslung ist wichtig für Sie, Routine ist Gift.
■ *Neugier niedrig:* Vermutlich sind Sie ein »Macher«. Sie wollen umsetzen und sind ergebnisorientiert. Theorien und Konzeptionen sind für Sie weniger interessant.

■ *Anerkennung hoch:* Kritik ist Ihnen unangenehm, deswegen setzen Sie alles daran, Fehler zu vermeiden. Geht es um Perfektion, sind Sie also genau die richtige Person.
■ *Anerkennung niedrig:* Sie lassen sich durch Kritik nicht so leicht aus der Fassung bringen.

■ *Ordnung hoch:* Ihnen kommen Aufgaben und Funktionen mit einer hohen Regelungsdichte entgegen.
■ *Ordnung niedrig:* Sie sehen unstrukturierte, chaotische Situationen als Chance und nicht als Bedrohung; die Notwendigkeit zur Improvisation schreckt Sie nicht.

- *Idealismus hoch:* Profitorientierte Unternehmen sind nicht ideal für Sie – eine Non-Profit-Organisation wäre besser.
- *Idealismus niedrig:* In Tendenzbetrieben, in denen man von Ihnen auch emotionales Engagement für das gemeinsame Anliegen erwartet, machen Sie vermutlich keine besonders gute Figur.

- *Status hoch:* Sie brauchen Gelegenheiten, um im Rampenlicht zu stehen. Es ist nicht gut für Sie, wenn andere (Ihre Vorgesetzten) sich mit dem Lorbeer schmücken, der Ihnen zusteht.
- *Status niedrig:* Sie haben das Zeug zur »grauen Eminenz«; Sie sind perfekt als zweiter Mann, der die Fäden zieht und den Laden zusammenhält, während der erste Mann draußen die »Rampensau« gibt.

- *Rache/Kampf hoch:* Jobs, in denen es immer wieder »Zoff« gibt, kommen Ihnen entgegen – werden Sie Betriebsratsvorsitzender!
- *Rache/Kampf niedrig:* Sie brauchen Harmonie – gehen Sie Jobs mit hohem Konfliktpotenzial systematisch aus dem Weg.

- *Emotionale Ruhe hoch:* Sie sind stressempfindlich und geraten schnell »ins Flattern«, muten Sie sich nicht zu viel zu.
- *Emotionale Ruhe niedrig:* Sie sind der ruhende Pol und behalten auch unter Druck einen kühlen Kopf – dort, wo andere schnell die Nerven verlieren, ist für Sie das richtige Betätigungsfeld.[*]

Die Auswertung des Reiss-Profiles und die Auseinandersetzung mit Ihrer persönlichen Motivstruktur können Ihnen eine Fülle von Hinweisen für die Auswahl geeigneter beziehungsweise ungeeigneter Zielfirmen liefern.

---

[*] Diese Liste basiert auf den Seminarunterlagen von Hans Rainer Vogel. Er ist zertifizierter Reiss-Profile-Master.

Affinitäten

Jede Aufgabenkombination, jede betriebliche Funktion ist an ein Tätigkeits- oder Wirkungsfeld gebunden. Beide gehören zueinander wie siamesische Zwillinge und bilden zusammen den »Job«, wie es so schön heißt.

Dieser englische Begriff umfasst tatsächlich beide Bedeutungs- dimensionen, also den Auftrag und das Tätigkeitsfeld. Viele Men- schen machen tagtäglich einen Job, an dem ihnen möglicherwei- se nur die eigentliche Aufgabe gefällt, aber das Tätigkeitsfeld lässt sie kalt oder langweilt sie. Viele Menschen haben also durchaus einen Bezug zu der Arbeit, die sie verrichten, nicht aber zu dem Ergebnis oder zu dem Umfeld, in dem sich ihr Arbeitgeber bewegt, und schon gar nicht zum Kunden und zu dessen Belangen.

Job = Aufgabe + Tätigkeitsfeld

Die meisten Menschen nehmen das klaglos hin und scheinen es für den Normalfall zu halten. Vor vielen Jahren haben wir bereits unseren Seminarteilnehmern nahegelegt, sich ein Tätigkeitsfeld zu suchen, das ihren Vorlieben, Neigungen und Interessen mög- lichst weit entgegenkommt. Die Resonanz darauf war für uns zu- nächst erstaunlich verhalten und wir bekamen Sätze zu hören wie »Ich will mir mein Hobby doch nicht durch den Job kaputt machen« oder »Wir arbeiten doch nicht zum Vergnügen«.

Verbindung Hobby + Beruf

Nachdem wir die Seminarteilnehmer dazu gebracht hatten, die Idee trotz ihrer Abneigung gut zu finden, kamen Zweifel auf, ob sich denn im Umfeld des eigenen Hobbys überhaupt genügend Arbeitsmöglichkeiten finden lassen würden. Diese Zweifel wa- ren nur zu berechtigt. Die meisten Teilnehmer bekannten sich, nachdem der Begriff zunächst nur sehr verschämt geäußert wor- den war, plötzlich ausgesprochen gruppendynamisch zum Hobby »Bundesligafußball«. Und im Tätigkeitsfeld »Bundesliga« gab es tatsächlich nicht für einen einzigen unserer rauchenden, überge- wichtigen Passiv-Fußballer eine brauchbare Jobalternative.

Genügend Arbeits- möglichkeiten?

Wir haben uns nach diesem Debakel zwar nicht von unserer Idee abbringen lassen, aber wir haben seitdem statt von einem Hobby nur noch von »Affinität« gesprochen. Den Satz »Ich habe eine Af- finität zum Fußball« wird vermutlich kein echter Fußballfreund jemals über die Lippen bringen.

Eigene Affinitäten erkennen

Den richtigen Kontext finden

Wenn Sie herausgefunden haben, welche Aufgaben Sie besonders reizvoll finden, sollten Sie überlegen, in welchem attraktiven Kontext Sie diese Tätigkeit ausüben könnten. Die Affinitäten gehören zur Motivstruktur, so wie die Vorliebe für bestimmte Tätigkeiten.

Im Zusammenhang mit dem Thema JobSearch besteht gar nicht erst die Option, das Thema Affinität unter den Tisch fallen zu lassen: JobSearch funktioniert nicht ohne Klarheit über die eigenen Affinitäten!

Sie knacken den verdeckten Stellenmarkt nicht, wenn Sie einfach stur nach Ihrem Idealjob suchen. Die Definition Ihres Idealjobs ist kein geeignetes Suchkriterium, um mit seiner Hilfe den Markt systematisch »aufzurollen«. Sie benötigen ein Hilfskriterium. Mindestens eins.

Überprüfung von Hypothesen

Wie macht es der Headhunter? Er sucht nach der Person mit den idealen Voraussetzungen. Da er aber weiß, dass er sie auf dem direkten Weg vermutlich nicht finden wird, nimmt er einen kleinen Umweg. Er sucht zunächst nach Firmen, in denen Aufgaben erledigt werden müssen, die den in seinem Anforderungsprofil beschriebenen möglichst nahekommen. In diesen Firmen wird man für die besagten Aufgaben ähnliche Anforderungen voraussetzen. Unser Headhunter stellt also zunächst einmal eine Hypothese auf und lässt diese dann durch fleißiges Abtelefonieren überprüfen. Merkt er, dass er falsche Annahmen getroffen hat, korrigiert er seine Hypothese, stößt dadurch auf andere Zielfirmen und überprüft durch erneutes Research, ob er nun dort Personen mit dem gewünschten Hintergrund antrifft.

Wie müsste die Firma sein?

Für Sie ist die Situation exakt dieselbe; Sie können nicht einfach auf Ihren Wunschjob zumarschieren, weil die Koordinaten Ihrer Lieblingstätigkeiten Ihnen nicht die Marschzahl dafür liefern. Sie müssen zuerst überlegen, wie eine Firma beschaffen sein müsste, damit dort mit einer gewissen Wahrscheinlichkeit ein Job existiert, der die von Ihnen gewünschte Aufgabenkonstellation hat.

Ihre Affinitäten liefern Ihnen die Suchkriterien, mit deren Hilfe Sie dann auf die Firmen stoßen, die für Sie als Arbeitgeber besonders interessant sein könnten. Und Sie sind umgekehrt für diese Firmen als Arbeitnehmer besonders interessant, weil Sie eine Aufgabe wahrnehmen möchten, die gut zur Struktur des Unternehmens passt. Wenn Sie nach Abschluss Ihrer Überlegungen Ihre Unterlagen aussenden und diese mit dem Hinweis zurückkommen, dass man gar nicht nachvollziehen könne, weshalb Sie gerade diese Firma angeschrieben haben (was so natürlich nicht vorkommt), dann wissen Sie, dass Ihre Hypothese falsch war. Sie müssen Ihre Zielrichtung korrigieren. Je besser Sie Ihre Affinitäten kennen, desto zielsicherer können Sie vorgehen und umso geringer wird Ihre »Fehlerquote« sein. Im Gegenteil, man wird sagen: Nicht schlecht, diese Person muss sich verdammt gut informiert haben, um herauszufinden, dass bei uns der richtige Platz für sie sein könnte.

> **Ohne die Benennung von Affinitäten gelingt es nicht, die Zielfirmen sauber einzugrenzen.**

Natürlich können Sie auch noch andere Such- beziehungsweise Ersatzkriterien heranziehen, wenn es darum geht, den Kreis der Zielfirmen auf ein brauchbares Maß zu reduzieren. Die Affinitäten sind nach unserer Einschätzung aber das praktikabelste Kriterium. Wie Sie damit konkret verfahren, erfahren Sie in Kapitel 7.

6. Wollen + Können = Strategie

Damit Sie sich vorstellen können, wie JobSearch mit den hier vorgestellten Schritten konkret funktioniert, wollen wir Ihnen an einem Beispiel aus unserer Beratungspraxis zeigen, wie wir einen unserer Mandanten bei diesem Prozess unterstützt haben.

Ein Beispiel aus der Praxis

Unser Mann: Herr P.

Herr P., in der zweiten Hälfte der Vierziger, hat seinen Job als Geschäftsführer eines Fertigungsbetriebs mit knapp 200 Beschäftigten verloren. Das Unternehmen wurde verkauft und mit einem anderen verschmolzen. Jetzt muss ein neuer Job für ihn her.

Hobbys

Herr P. – so hat er uns in unserem ersten Gespräch verraten – bastelt gern. Schon als Kind habe er viel gebastelt, vor allem mit Lego. Ständig hat er daraus irgendwelche Flugzeuge gebaut. »Nun bau doch mal ein Haus«, forderten ihn die Eltern mehrfach auf; daraufhin hat er mit Lego Häuser gebaut – Häuser mit Tragflächen und Düsentriebwerken. Später ist er als Zeitsoldat zur Luftwaffe gegangen und hat anschließend Luft- und Raumfahrttechnik studiert. Und hat dann noch den Wirtschaftsingenieur gemacht.

Laufbahn

Nach seiner Bundeswehrzeit hat Herr P. in großen Firmen klein angefangen. Dann wurden die Firmen kleiner und er wurde – managementmäßig – größer. Seine letzte Firma war die bisher kleinste in seiner Laufbahn. Das erste Unternehmen produzierte Hightech, sein letztes Lowtech. Sein letzter Job: Alleingeschäftsführer, Schwerpunkt: alles – Vertrieb, Controlling, Technik, Produktion.

Was sagt sein Reiss-Profile? Herr P. hat ein starkes Machtmotiv, fast »bis zum Anschlag«; Rache-Kampf nur unwesentlich niedriger, alles andere unauffällig. Mit anderen Worten: ein Leitwolf. Wie charakterisiert er seinen Führungsstil? Führen durch Vorbild (»Männer, mir nach!«).

Was sind seine beruflichen Lieblingstätigkeiten? Alles – es fehlt eigentlich nichts, was in einem Unternehmen gemacht werden muss. Affinität zu Menschen, Affinität zu Methoden und Konzepten, Affinität zu Materialien. Die sprichwörtliche »Eier legende Wollmilchsau« schlechthin! Ihm könnte man so gut wie jeden Job anbieten. Aber deswegen ist er ja nicht zu uns gekommen. Es gilt, eine brauchbare Strategie für eine Direktsuche zu finden.

Lieblings-tätigkeiten

Die Schlussfolgerung, die wir aus dem Erstgespräch ziehen: Der nächste Job muss wieder ein »General-Management-Job« sein. Es ist schwer vorstellbar, dass Herr P. sich die Verantwortung mit einem Kollegen auf der Geschäftsführungsebene teilen möchte. Möglicherweise glaubt er, das zu können, wir glauben es nicht.

Ergebnis

Die zweite Schlussfolgerung: Es darf ein lohnintensiver Betrieb sein, also ein Unternehmen mit einem relativ hohen Anteil gewerblicher Arbeitnehmer. Vermutlich sollte es sogar ein solcher Betrieb sein, weil er dort durch seine (führungsintensive) Bundeswehrvergangenheit einen gewissen Wettbewerbsvorteil vor anderen Personen mit Doppelstudium haben könnte. Als »Leitwolf« dürfte er damit keinerlei Probleme haben, es wird ihm entgegenkommen.

Käme dann nicht auch ein größeres Unternehmen infrage? Im Prinzip ja, aber: Je größer das Unternehmen, desto größer die Wahrscheinlichkeit, dass es dort eine Kollegialgeschäftsführung gibt, und das wollten wir ja ausschließen. Also ziehen wir in Gedanken die Obergrenze bei 250 Mitarbeitern und die Untergrenze bei 100.

Wir machen eine Abfrage in der Hoppenstedt-Firmendatenbank: Wie viele Unternehmen der verarbeitenden Industrie mit 100 bis 250 Beschäftigten gibt es? Antwort: 15 000. Das sollte reichen; darunter müsste sich für Herrn P. etwas finden lassen.

Recherche

Nun wollen wir mehr über Herrn P.s Affinitäten wissen und legen ihm den NACE vor. Der NACE ist die Wirtschaftszweigklassifikation der Europäischen Union, die von allen statistischen Ämtern in der EU verwendet wird. Der NACE ist auch der »Branchencode«, nach dem man in den meisten Wirtschaftsdatenbanken suchen kann – so auch in der Hoppenstedt-Datenbank. Herr P. soll mithilfe dieser Klassifikation herausfinden, welche Branchen innerhalb der verarbeitenden Industrie er bevorzugen würde.

Lieblingsbranchen Die folgenden Branchen hat sich Herr P. als »Lieblingsbranchen« aus dem Gesamtverzeichnis herausgesucht:

- Papier-, Karton-, Pappeherstellung und -verarbeitung
- Holzkonstruktionen
- Farbstoffe
- Anstrichmittel, Druckfarben
- Klebstoffe
- Gummiwaren
- Maschinen für Druckereien
- Herstellung von Pinseln und Bürsten

Erkennen Sie das Muster?

Wie passt das zusammen? »Nichts davon kann fliegen!«, werden Sie jetzt vielleicht sagen. Das ist richtig; aber da ist noch etwas anderes. Die Gemeinsamkeit der Produkte, zu denen sich Herr P. hingezogen fühlt, besteht darin, dass es sich – mit Ausnahme der Maschinen für Druckereien – um Produkte mit natürlichen Ausgangsmaterialien handelt. Diese haben die Eigenschaft, dass sie sich mitunter etwas »primadonnenhaft« verhalten; sie wollen oft nicht so, wie geradlinige Ingenieure es gerne hätten; sie erfordern Fingerspitzengefühl.

Eine Affinität für Naturprodukte und ein Faible für Lowtech-Produkte, das passt zusammen, das ist stimmig. Fingerspitzengefühl und Basteln – auch das passt zusammen. Trotzdem beschäftigt und irritiert uns die Lowtech-Orientierung von Herrn P. auch weiterhin. Passt das denn zu Luft- und Raumfahrttechnik?

»Wenn Sie so weitermachen wie bisher, sind Sie Ihren nächsten Job auch bald wieder los«, so schneiden wir bei unserem nächsten Zusammentreffen ein ganz anderes Thema an. »Wieso denn das?«, will er wissen. »Weil Lowtech auswandert!« Sofort kontert er: »Ich beweise Ihnen das Gegenteil! Und ich habe es stets bewiesen: Ich kombiniere die Manufaktur mit Hightech, dann kann die Produktion hier bleiben und macht sogar Profite!«

Da steht es ganz plötzlich und unerwartet im Raum – sein Leitmotiv. Klarer hätte er die Triebfeder seines Handelns wohl kaum definieren können: »Manufaktur + Hightech« oder »Fingerspitzengefühl + Top-Methoden-Know-how« – das ist es also, was Herrn P. beschäftigt und fasziniert. Der Luft- und Raumfahrt-Ingenieur in der Lowtech-Industrie; als gezielt herbeigeführte Symbiose aus Talenten, Motiven und Affinitäten hat das schon etwas. Jedenfalls ist das ein Alleinstellungsmerkmal, wie es besser nicht im Buch stehen könnte. (Als Ergebnis einer Abfolge von Misserfolgen und Zufälligkeiten wäre es allerdings eine Katastrophe!)

Leitmotiv: Manu-
faktur + Hightech

Damit liegt die weitere Vorgehensweise in der Grundstruktur bereits fest. Es geht uns und Herrn P. um lohnintensive Lowtech-Unternehmen mit Mitarbeiterzahlen zwischen 100 und 250. Und noch eine kleine Nebenbedingung kommt hinzu: Aus den Produkten muss man am Markt noch etwas machen können – da kommt der Vertriebs- und Marketingmann in Herrn P. durch. Und das »gebrannte Kind«. Er möchte, und das ist in seinem Alter naheliegend, seinen nächsten Job möglichst langfristig ausüben und seine Karriere verstetigen. Nun will Herr P. von uns wissen, was er sonst noch beachten müsse, um das zu erreichen.

Neben-
bedingungen

»Suchen Sie sich ein Unternehmen aus, das nicht verkauft wird«, lautet unsere Antwort. Wenn man in ein Unternehmen oder besser gesagt in eine Tochtergesellschaft geht, die nur einen Anteil von 10 bis 15 Prozent am Umsatz des Gesamtunternehmens hat, dann darf man sich nicht wundern, wenn die Braut, die man geschmückt hat, eines Tages verkauft wird. So ist es Herrn P. bei seinem letzten Arbeitgeber ergangen. Es gibt nun mal eine Managementmode, die darauf abzielt, alles, was nicht Core-Business ist, abzustoßen. Als Mitarbeiter oder Manager außerhalb des Core-Business muss man folglich immer damit rechnen, nicht nur gering geschätzt, sondern sogar verhökert zu werden. Das muss nicht immer so negativ ausgehen, es hätte auch zu seinem Vorteil ausschlagen können. Er hatte aber Pech.

Typische Fallen

Die zweite »Falle« ist, erklären wir Herrn P. weiter, als erster firmenfremder Geschäftsführer in ein inhabergeführtes Unternehmen zu gehen. Warum dort Gefahren lauern könnten, ist Herrn P. nicht sofort klar. »Weil Unternehmer falsche Vorstellungen von Managern und Manager falsche Vorstellungen vom Unternehmertum haben. Am Ende der Lernkurve ist der Geschäftsführer verschlissen und fliegt. Nutznießer ist der Nachfolger des verschlissenen Geschäftsführers; an den geht man mit ganz anderen Erwartungen heran.«

Ist man der zweite oder dritte Familienfremde, geht es in der Regel gut. Dann muss man allerdings den Nachwuchs gut im Auge behalten. Wird der – managementmäßig gesehen – flügge, zehn Jahre bevor man in Rente gehen möchte, könnte es gut sein, dass man einen strategischen Fehler begangen hat.

»Da hilft nur kaufen«, lautet unser nächster Tipp zur Existenzsicherung. Nein, nicht gleich den ganzen Laden! Aber eine kleinere oder größere Beteiligung wäre eine gute Option. Das gefällt Herrn P., deshalb ist er auch sehr an dem Unternehmertest interessiert, den wir ihm (im Scherz) anbieten.

Unternehmertest Vor vielen Jahren hatten wir einen (echten) Unternehmertest im Angebot, der regelmäßig das Ergebnis brachte, dass etwa fünf Prozent unserer Probanden als Unternehmer absolut nicht infrage kamen, dass man fünf Prozent der Teilnehmer die Selbstständigkeit anraten konnte und dass in 90 Prozent der Fälle keine eindeutige Aussage möglich war. Daraufhin haben wir einen eigenen Test entwickelt. Die Bearbeitung des Tests benötigt etwa 15 Sekunden, die Auswertung rund drei Sekunden. Er geht so:

Frage 1: Haben Sie sich schon einmal selbstständig gemacht oder
ein Unternehmen gegründet?

☐ ja   ☐ nein

Frage 2: Würden Sie Ihr Haus verkaufen, um sich an einem Unternehmen
zu beteiligen?

☐ ja   ☐ nein

Auswertung:

2 x ja = Sie sind als Unternehmer geeignet.
1 x ja und 1 x nein = Sie sind eventuell als Unternehmer geeignet.
2 x nein = Sie sind als Unternehmer nicht geeignet.

Diese beiden Fragen stellen wir Herrn P. Auf Frage 1 antwortet er: »Nein, ich wollte Jetpilot werden, nicht Unternehmer!« Frage 2 beantwortete er mit: »Sofort!«

Damit steht weitgehend fest, »wohin die Reise gehen soll«; der Rest ist nur noch systematisches Abarbeiten. Wäre da nicht noch ein kleines Problem: Wen soll Herr P. anschreiben?

Egal, wie höflich sein Anschreiben ausfällt – wenn der Angeschrie- **Identifikation der** bene Geschäftsführer und nicht Inhaber ist, lautet die Botschaft **Gesellschafter** des Anschreibens: »Ich hätte gerne deinen Job!« Ein solcher Brief ist nicht sinnvoll. Die eigentliche Recherchearbeit wird also darin bestehen, die Gesellschafter zu identifizieren, die er sinnvoller- weise anschreibt. Wie das geht, werden Sie im dritten Teil des Buches sehen.

TEIL III

Umsetzung

Ob Ihre Strategie am Ende auf einem kleinen Zettel mit drei oder vier Kernaussagen steht oder in einem großen Papierstapel von dicht beschriebenen Seiten enthalten ist, spielt keine Rolle. Wichtig ist eigentlich nur, dass Sie allen Menschen, mit denen Sie in der einen oder anderen Form über Ihre berufliche Zukunft reden, in möglichst knapper, aber trotzdem anschaulicher Form klarmachen können, wofür Sie stehen und was Sie in Zukunft beruflich machen wollen.

Ob Sie dies mündlich oder schriftlich tun, bleibt Ihnen überlassen. In Kapitel 9 und 10 geben wir Ihnen eine Reihe von Tipps für die schriftliche Form – also für ein Anschreiben und einen Lebenslauf. Dort finden Sie das Grundraster Ihrer Selbstdarstellung, das Sie auch gut für eine mündliche Präsentation nutzen können.

Wofür stehen Sie?

Spätestens wenn Sie in die »Verkaufsphase« kommen, werden Sie den ausgeprägten Egoismus, den wir Ihnen für die Entwicklung einer Ich-Strategie nahegelegt haben, ein wenig abfedern müssen. Eine Verkaufsargumentation sollte vor allem am Nutzen des potenziellen Kunden ansetzen, und an dieser Stelle kommen dann auch wieder Ihre Talente, Kenntnisse und Erfahrungen zu ihrem Recht.

Ihre Strategie ist das eine – bei der Umsetzung geht es aber darum, sie in die geeignete Verkaufsargumentation zu verpacken.

7. Firmenidentifikation

Hoppenstedt, NACE & Co.

Um eine Zielfirmenrecherche durchzuführen, muss man erstens Zugang zu einem aktuellen und aussagefähigen Datenbestand haben und zweitens einen geeigneten Weg finden, diesen Bestand systematisch zu durchsuchen.

**Firmen-
datenbanken**

Wahrscheinlich würden sich weitaus mehr Menschen per Job-Search auf die aktive Suche nach einem neuen Job begeben, wenn sie wüssten, dass es aussagefähige, gut gepflegte Daten zu den meisten deutschen Firmen gibt. An diese Daten kann theoretisch jeder kommen. Allerdings kosten diese Informationen Geld. Man muss entweder gute Beziehungen zu jemandem haben, der über einen Zugang zu diesen Daten verfügt, oder diese Daten kaufen. Auf den ersten Blick ist es eine recht hohe Investition, auf den zweiten Blick sind die Daten jederzeit ihr Geld wert, wenn es mit ihrer Hilfe gelingt, Arbeitslosigkeit zu vermeiden oder ihre Dauer zu verkürzen.

Der Hoppenstedt

Der Name »Hoppenstedt« hat in der Welt der Firmendaten denselben Stellenwert wie der Name »Tempo« in der Welt der triefenden Nasen.

Den Hoppenstedt gibt es in unterschiedlichen Aggregatzuständen: in fester Form als Handbuch und CD, aber auch als Onlinedatenbank. Der Hoppenstedt existiert unter anderem als Kollektion der mittelständischen Unternehmen, als Kollektion der Großunternehmen und als Kollektion der Verbände und Behörden. Was sich hinter diesem Markennamen noch alles verbirgt, können Sie auf der Webseite des Verlages in Erfahrung bringen.

Relevant für Sie werden vor allem zwei CDs sein: die CD der mittelständischen Unternehmen, in der Firmen mit 3,5 bis 20 Millionen Euro Umsatz beziehungsweise von 35 bis 200 Beschäftigten aufgeführt sind, und die CD der Großunternehmen, auf der sich die Firmen mit mehr als 20 Millionen Euro Umsatz beziehungsweise 200 und mehr Mitarbeitern befinden. Die Mittelstands-CD kostet knapp 500 Euro, die CD der Großunternehmen etwas mehr als 600 Euro.

Kammern und Verbände

Die Wahrscheinlichkeit, dass der Hoppenstedt irgendwo zur Recherche vorliegt, ist bei den Verbänden und Kammern und in den öffentlichen Bibliotheken am größten. Wenn aber die dort ausliegenden Handbücher nicht mehr ganz taufrisch sind, wird viel Nachrecherchieren notwendig. Mit veralteten Daten zu arbeiten, führt zu Streuverlusten. Wenn Sie in einer größeren Stadt leben, sollten Sie auch in Ihrem örtlichen BIZ (Berufsinformationszentrum der Arbeitsagentur) danach fragen.

Große Datenmengen fressen Zeit

Viele der Daten, die man früher nur im Hoppenstedt fand, gibt's heute wohlfeil im Internet. Die Firmen veröffentlichen selbst viele Daten auf ihren Webseiten. Aber es ist schwierig, gezielten Zugang zu diesen Daten zu bekommen. Wenn Google, Yahoo oder eine andere Suchmaschine auf die Eingabe Ihrer Suchbegriffe mit mehr als einer Million Nennungen reagiert, kann von gezielt sicher keine Rede sein. Sind es »nur« 10 000 Nennungen, ändert sich an diesem Sachverhalt wenig, auch solche Datenmengen kann man nicht von Hand durchgehen. Die Datenschätze sind frei zugänglich, aber der Aufwand, den Sie betreiben müssten, um sie zu heben, wäre enorm.

Der Erwerb kostenpflichtiger Daten relativiert sich deutlich, wenn man an den Zeitaufwand denkt, den eine ungefilterte Recherche, zum Beispiel im Internet, mit sich bringt.

Unser Klient Herr P. konnte seine Affinitäten zu bestimmten Produkten, Materialien oder Branchen glücklicherweise mithilfe des Branchenschlüssels, den der Hoppenstedt verwendet, dingfest machen. Wenn man die von ihm bevorzugten Branchen und die Größenordnung der Firmen, die wir für seine Recherche festge-

	Firma	PLZ	Ort	Beschäftigte	Umsatz [Mio€]
☒	GfW Gesellschaft für Fremdenverkehr...	89518	Heidenheim...	80	20
☒	GHP Card Systems GmbH	96052	Bamberg	183	30
☒	Gizeh Raucherbedarf GmbH	51647	Gummersbach	90	5
☒	Goldbuch Georg Brückner GmbH	96052	Bamberg	63	9
☒	Carl Groß GmbH & Co. KG	95028	Hof	70	13
☒	Gebr. Grünewald GmbH & Co. KG	57399	Kirchhundem	100	25
☒	Grünperga Papier GmbH	09579	Grünhainic...	90	13
☒	GSD Verpackungen Gerhard Schürholz ...	57489	Drolshagen	130	16
☒	Gundlach Display + Box GmbH	12277	Berlin	180	19
☒	Hahnemühle FineArt GmbH	37586	Dassel	150	22
☒	Hammer GmbH	23556	Lübeck	150	28
☒	Hantermann Service-Produkte für die...	46446	Emmerich a...	92	8
☒	Hartmann-Schwedt GmbH	16303	Schwedt/Oder	91	12
☒	heipa technische Papiere GmbH	37308	Heilbad He...	80	27
☒	Hellbut & Co. GmbH	22885	Barsbüttel	120	26
☒	Hettmannsperger & Löchner GmbH & Co...	76646	Bruchsal	80	17
☒	Heuchemer Verpackung GmbH & Co. KG	56130	Bad Ems	250	48
☒	Heyne & Penke Verpackungen GmbH	37603	Holzminden	175	43
☒	Dr. Karl Höhn GmbH Papier- und Kart...	89079	Ulm	200	27
☒	Gebr. Hoffsümmer Spezialpapier GmbH...	52349	Düren	100	

Exportieren: Adressen mit Personen / Adressen ohne Personen

Funktionen: Alle markieren / Markierung löschen / Markierte drucken / Nicht markierte drucken

Treffer (121 - 140 von 417) · 1 2 3 4 5 6 7 8 9 10 · Zurück · Vorwärts

www Link zur Homepage ✉ E-Mail ʟ Logo hinterlegt ᴢ Bank-Zentrale ꜰ Bank-Filiale ɢ Geschäftstätigkeit (mehrsprachig)

Ausschnitt aus der
»Longlist« von Herrn P.

legt hatten, in die Suchmaske der Hoppenstedt-Online-Datenbank eingibt, bekommt man neben einer sehr schönen, übersichtlichen Trefferliste auch die Zahl der gefundenen Datensätze genannt. (In der Online-Datenbank werden auch Firmen mit weniger als 35 Mitarbeitern genannt, was man natürlich unterbinden kann, indem man die Zahl der Mitarbeiter bei der Sucheingabe nach unten begrenzt.)

Von der »Longlist« zur »Shortlist«

Ist eine Ergebnisliste zu umfangreich, kann man sie, zum Beispiel durch Postleitzahlangaben, weiter eingrenzen. In den meisten Fällen wird diese Liste dann aber immer noch deutlich mehr Zielfirmen umfassen, als man im Endeffekt tatsächlich kontaktieren möchte, und das ist auch gut so.

Wir streben im Allgemeinen eine endgültige Zielfirmenliste mit 100 bis 200 Zielfirmen an. In manchen Fällen ist man auch schon froh, wenn überhaupt 50 bis 60 mögliche Adressaten zu identifizieren sind. Auch 300 Zielfirmen können in bestimmten Situationen durchaus sinnvoll sein. Als Faustformel gilt, dass die sogenannte »Longlist«, also das, was der Hoppenstedt-Ergebnisliste entspricht, den zwei- bis dreifachen Umfang der endgültigen Zielfirmenliste haben sollte, weil mindestens die Hälfte der Zielfirmen beim »Handverlesen« auf der Strecke bleibt.

Umfang der Longlist

In der Hoppenstedt-Ergebnisliste kann man jede Firma anklicken, um sich die Firmendaten im Detail anzeigen zu lassen – das nennt sich Hoppenstedt Vollprofil (s. Abb. folgende Seite).

Welche Kriterien Sie für die Feinauswahl zugrunde legen, können Sie ganz spontan anhand der vorgefundenen Daten entscheiden. Die eine Firma lässt man möglicherweise weg, weil sie zu weit vom nächsten Autobahnanschluss entfernt ist, die zweite, weil man meint, kürzlich im Fernsehen etwas Negatives über sie gehört zu haben, und die dritte, weil sich das Produktspektrum anders darstellt, als es der Suchbegriff vermuten ließ.

Such- und Auswahlkriterien

Letzteres kann öfter passieren und lässt sich leider nicht ausschließen: Angenommen, wir suchen alle Schraubenhersteller mit mehr als 100 Beschäftigten, dann werden uns möglicherweise auch etliche Schraubengroßhändler mit mehr als 100 Mitarbeitern genannt. Das passiert nicht, weil sie falsch verschlüsselt wurden, sondern weil sie vielleicht noch eine kleine Werkstatt haben, in der ab und zu ein paar Schrauben nach Kundenwunsch gedreht werden. Deswegen wird dem Unternehmen der Schlüssel für Schraubenherstellung zugeordnet – obwohl in der Werkstatt vielleicht nur fünf Mitarbeiter tätig sind. Solche Fein-

Problem der Zuordnung

Gundlach Display + Box GmbH

Früher: Gundlach Berlin Display + Verpackung GmbH

Postfach :	48 02 71
Ort :	12252 Berlin
Strasse :	Buckower Chaussee 114
Ort :	12277 Berlin
Telefon :	(030) 6 89 06-100
Fax :	(030) 6 89 06-4111
E-Mail :	Info@Gundlach.de
Internet :	http://Gundlach.DisplayBox.de
Handelsregister :	Amtsgericht Charlottenburg HRB 7160 B

Branche

NACE-Code :	21210; 22220
US-SIC-Code :	2752; 2631; 2821; 3083; 2653

Allgemeine Informationen

Rechtsform :	GmbH
Gründung :	1948

Organe / Management / Anteilseigner

Geschäftsführer :	Dipl.-Ökonom Gerd Franz, Steinhagen; Andreas Grathwohl
Prokurist(en) :	Friedemann Brückner (Finanzen)
Einkaufsleitung :	Peter Häßler
Marketingleitung :	Ulrike Brunst
Vertriebsleitung :	Christian Gorre
Leiter Außendienst (Display) :	Jörg Ramöller
Leiter Außendienst (Box) :	Christoph Dreyer
Gesellschafter:	Gundlach Holding GmbH & Co. KG, Bielefeld, 100%

Geschäftstätigkeit und Unternehmensbeschreibung

Produktionsprogramm :	Offsetdruck (4,5- u. -Farbendruck und Lackturm bis 138 x 195 cm), Displaymaterial aller Art, auch beleuchtet u. beweglich, Aufsteller aus Wellpappe und Karton, Leichtplakate etc., überzogene Schachteln, Geschenk- u. Festkartonagen, Faltschachteln und Multimedia Verpackungen
Exportländer :	Europa

Kennzahlen / Betriebszahlen

Stammkapital :	EUR 0,743 Mio
Umsatz :	2006: ca. EUR 18,7 Mio
	2003: EUR 18,7 Mio
	2002: EUR 16,9 Mio
	2001: EUR 23,8 Mio
Beschäftigte :	2007: ca. 180
	2004: 218
	2003: 141
	2002: 140 (Oktober)

Beteiligung(en)

	Klingenberg Berlin GmbH, Berlin, 100%
	NC Werbemittelproduktions GmbH, Berlin, 100%

Sonstiges

Beispiel für ein Vollprofil aus der Hoppenstedt-Datenbank

heiten finden bei der Verschlüsselung keine Berücksichtigung, und das ist vermutlich auch gut so, sonst würde die Abfrage unnötig kompliziert.

Informelle Suchkriterien stellen eine erste Hilfe bei der Eingrenzung der Zielfirmen dar.

Neben eher informellen Suchkriterien werden Sie weitere, eher strukturelle Überlegungen in Ihre Auswahlentscheidungen einfließen lassen. Welche Kriterien das sein könnten, wird den meisten passionierten Du-Strategen ziemlich schleierhaft sein. Der Ich-Stratege hat sich hingegen diese Kriterien bereits ganz nebenbei während seiner Strategieentwicklung erarbeitet und wird sich deshalb im Datendickicht der Vollprofile vermutlich auch besser zurechtfinden.

Strukturelle Überlegungen

Wir hatten, um auf das Beispiel von Herrn P. zurückzukommen, die Entscheidung für die Größe des gesuchten Unternehmens an der Mitarbeiterzahl festgemacht. Das ist nicht immer, aber in vielen Fällen ein ganz brauchbares Auswahlkriterium. Die Obergrenze von 250 Mitarbeitern hatten wir gewählt, damit sich Herr P. nicht mit Geschäftsführerkollegen rumärgern muss. Ob die Obergrenze von 250 Mitarbeitern richtig bestimmt wurde, können wir jetzt anhand der Daten mühelos überprüfen. Gibt es unter den größeren der gefundenen Firmen nur wenige mit einem Alleingeschäftsführer, ist es sinnvoll, die Obergrenze herabzusetzen. Allerdings muss man das mit der »Kollegialgeschäftsführung« auch nicht allzu eng sehen. An den Ressortangaben – also an der Rollenverteilung – erkennt man in vielen Fällen ganz gut, dass es auch innerhalb einer Zweier- oder Kollegialgeschäftsführung noch eine gewisse Abstufung nach »Ober-Geschäftsführer« und »Weniger-wichtig-Geschäftsführer« geben kann.

Mitarbeiterzahl

Als Untergrenze der Mitarbeiterzahlen hatten wir 100 gewählt, weil wir das bisherige Gehalt von Herrn P. kennen und unterstellt haben, dass er in der neuen Aufgabe nicht weniger verdienen möchte als zuvor. Es erschien uns allerdings fraglich, ob das in Fertigungsunternehmen mit weniger als 100 Mitarbeitern immer möglich sein würde.

Die Wahl der passenden Unternehmensgröße bedurfte bei Herrn P. keiner längeren Überlegungen. Das ist allerdings nicht immer so. Ab einer Zahl von vielleicht 500 Mitarbeitern (und das gilt noch mehr für die Zahl 1000 oder 10 000) bekommen Sie es mit jeweils anderen Strukturen und »klimatischen Bedingungen« zu tun. Der Wechsel aus dem Zehntausender-Unternehmen in das Tausender- und erst recht in das Hunderter-Unternehmen will gut überlegt sein. In umgekehrter Richtung gilt dasselbe. Wer in seiner bisherigen Karriere Unternehmen ganz unterschiedlicher Größenordnung kennengelernt hat, weiß vermutlich, wovon hier die Rede ist, und dürfte ausreichend sensibilisiert sein. Allen anderen sei eine gewisse Vorsicht beim Wechsel in eine andere Größenklasse angeraten.

Lohnintensität Wie findet Herr P. nun heraus, ob ein Unternehmen lohnintensiv ist, ob es also relativ viele gewerbliche Mitarbeiter im Verhältnis zur Gesamtbeschäftigtenzahl hat? Bei manchen Firmen wird die Zahl der gewerblichen Mitarbeiter explizit genannt, bei den meisten allerdings nicht. Dann muss man Hilfsgrößen heranziehen. Das können Angaben zum Produktspektrum sein, aus denen man schließt, dass es sich um Produkte handelt, die sich einer Automatisierung entziehen. Es können die Angaben zu den Ressorts der Führungskräfte sein, die vielleicht den einen oder anderen Hinweis auf die Organisation der Fertigung liefern. Bei etlichen Firmen werden auch die Umsätze und Mitarbeiterzahlen mehrerer Jahre genannt.

Ein Beispiel zur Aussagekraft solcher Angaben: Sind die Umsätze gleich geblieben oder gestiegen, die Mitarbeiterzahlen aber mit einem Sprung nach unten gegangen, ist dann auch noch in der Rubrik »maschinelle Ausstattung« von einer großen, automatischen »Arbeitnehmer-überflüssig-mach-Maschine« die Rede und tauchen außerdem in der Rubrik »Niederlassungen« Ortsnamen auf, von denen der Mitteleuropäer noch nie etwas gehört hat, dann spricht viel dafür, dass in diesem Unternehmen die lohnintensiven Zeiten vorüber sind. Also wird Herr P. das Unternehmen nicht auf seine Zielfirmenliste setzen. Traut er sich hingegen zu, die Fertigung aus dem Ausland wieder zurück nach Deutschland zu holen, könnte er durchaus eine interessante Zielfirma vor sich haben.

Die Bündelung informeller und eher an Fakten orientierter Suchkriterien ergibt eine kondensierte Liste, die im Idealfall die Wünsche und Erwartungen des Bewerbers optimal spiegelt.

Das war nun aber schon höhere Kombinatorik in Verbindung mit viel »Bauchgefühl«. In vielen Fällen ist die Sachlage aber deutlich einfacher. Jeder Fachmann hat so seine Kenngrößen, anhand deren er blitzschnell entscheiden kann, was ihm interessant erscheint und was nicht. Einige Beispiele: **Weitere Kriterien**

- Wer im Finanz- und Rechnungswesen zu Hause ist, weiß, was es für die Struktur des Rechnungswesens bedeutet, wenn er es – wie im Großhandel üblich – mit sehr breiten Sortimenten und komplizierter Lagerbuchhaltung zu tun bekommt. Er weiß auch, dass er als Großhandelsfachmann wegen der Bedeutung der Kostenrechnung in einem Fertigungsbetrieb wenig Chancen haben wird und fragt also gar nicht erst nach Fertigungsbetrieben ab.

- Wer sich im Vertrieb auskennt, leitet sich aus den Produkten, die ihm im Vollprofil genannt werden, eine Vorstellung über die Struktur der Absatzwege und der Vertriebsorganisation ab und kann so eine brauchbare Vorauswahl durchführen.

- Wer auf den Export spezialisiert ist, tut dasselbe wie der Vertriebsprofi und bezieht zusätzlich noch die Angaben zu den Auslandsniederlassungen und Tochtergesellschaften in sein Kalkül mit ein.

- Wer in der Produktion tätig ist, wird in erster Linie auf die Produkt-Programmstruktur und auf die maschinelle Ausstattung der potenziellen Zielfirma achten.

- Alle gemeinsam werden aus den Ressorts, die in den meisten Fällen in der Rubrik »Management« genannt werden, ihre Schlüsse im Hinblick auf die Organisationsstruktur des Unternehmens ziehen und überlegen, ob sie in diese Struktur »hineingehören« oder nicht.

Reifegrad Unternehmen durchlaufen verschiedene Entwicklungs- und Reifephasen. Die Mitarbeiter, die sich heute in Unternehmen wie Ikea, Microsoft, Apple, Red Bull, Dell, eBay, Amazon oder Google wohlfühlen, um nur einige Beispiele zu nennen, hätten sich in der Gründerphase des Unternehmens vermutlich nicht um einen Job bei ihrem heutigen Arbeitgeber bemüht. Sie hätten solche »Klitschen« schlicht ignoriert – zu riskant, zu klein, zu schmuddelig, zu unbedeutend, in einem Wort: nur etwas für »Spinner«. Allen genannten Firmen ist gemeinsam, dass sie nicht von Konzernen, sondern von Einzelpersonen ins Leben gerufen wurden, die zum Zeitpunkt der Gründung jünger als 30 waren.

> **Wenn Sie das absolut Neue und Unbekannte reizt und wenn Sie ein gewisses Risiko eingehen können: Das finden Sie woanders; dafür ist der Hoppenstedt die falsche Quelle.**

Rhythmus Rolf Breuer, der ehemalige Vorstandsvorsitzende der Deutschen Bank, sagte einmal in einem Interview: »Das Geschäft atmet – im Moment atmen wir ein.« Der zweite Teil des Satzes diente, wenn wir uns richtig erinnern, der Begründung von Zahlen, die offenbar hinter den Erwartungen der Börsen zurückgeblieben waren. Uns geht es hier aber nicht um die Performance von Herrn Breuer, sondern um seine schöne Metapher. Firmen und Märkte haben nicht nur eine Atmung, sondern auch einen Pulsschlag, einen inneren Rhythmus. Bei den Automobilherstellern und ihren Zulieferern, aber nicht nur dort, wird dieser Rhythmus vom Band vorgegeben. Wer diesen Rhythmus in seinen bisherigen Firmen noch nicht kennengelernt hat und nicht weiß, wie unerbittlich er sein kann, tut sich möglicherweise sehr schwer damit.

Rhythmus ist nicht, wie oft geglaubt wird, eine ganz individuelle Angelegenheit, die vor allem aus der Tradition und Unternehmenskultur erklärt werden könnte, sondern steht im Zusammenhang mit dem »Produkt« des Unternehmens beziehungsweise mit dem Kundenbedürfnis. Aus dem Produkt resultieren bestimmte Fertigungs-, Absatz- und Organisationsstrukturen, und so kommt es, dass zum Beispiel ein Unternehmen des Anlagebaus mehr Ähnlichkeiten mit einem beliebigen anderen Anlagenbauer hat als mit irgendeinem Unternehmen der Klein- oder Groß-Serienfertigung. Das bedeutet im Umkehrschluss aber auch, dass man aus dem Produkt in gewisser Weise schon auf Struktur und Zusammensetzung einer Firma schließen kann.

Wie sich das »Produkt« strukturell auswirkt, können Sie anhand der Beispieltabelle nachvollziehen.

Zeitliche Dimension	Preisdimension in Euro	Beispiel
Mehrere Jahrzehnte	100.000,–	Immobilie
Mehrere Jahre	10.000,–	Auto / Wohnungs-einrichtung
Jahr	1.000,–	Urlaub / Weiße Ware / Braune Ware
Monat	100,–	Gerätschaften, Werkzeuge
Woche	10,–	Bücher, DVDs, Kosmetika
Tag	1,–	Lebensmittel, Wasch- und Reinigungsmittel

Zeit- und Preisdimension aus der Sicht der Endverbraucher

Ein Blick auf die »Nutzungsdauer« und Preisdimension von Produkten liefert einen wertvollen Hinweis auf den Rhythmus eines Unternehmens.

Je höher der Preis des Produktes, desto seltener findet ein Kauf statt, desto länger dauert die Entscheidungsfindung und umso zahlreicher sind die Personen und Institutionen, die um Rat gebeten werden. Dadurch verlangsamt sich nicht nur der Entscheidungsprozess; auch die Zahl der Personen, die der Verkäufer des Produktes in sein Kalkül einbeziehen beziehungsweise bearbeiten muss, wächst. Welche Drehzahl ein Unternehmen hat, hängt also weniger vom Willen des Managements als vom Kunden und von der Struktur der Geschäftsbeziehung ab. Kommt Ihnen ein »Laden« langsam und schwerfällig vor, sollten Sie klären, ob Sie ihm nicht etwas zurechnen, was der Branche geschuldet ist. Wenn Letzteres der Fall ist, sollten Sie noch einmal überlegen, ob diese Branche generell als Zielbranche für Sie ideal ist.

Drehzahl

Ausdauer   Ob Sie sich als Sprinter, Mittelstrecken- oder Langläufer sehen, ist oft weniger eine Frage nach der Schnelligkeit als nach der Ausdauer – haben Sie genügend Geduld, an einem Thema dranzubleiben, wenn der Erfolg länger auf sich warten lässt? Das ist übrigens in der Regel auch gemeint, wenn vom »Bohren dicker Bretter« die Rede ist.

Schlüsse ziehen   Mit dem, was wir gerade für den Bereich der Endverbraucher festgestellt haben, verhält es sich im Bereich der gewerblichen Abnehmer nicht wesentlich anders. Auch dort gilt, dass mit zunehmendem Investitionsvolumen die Häufigkeit der Kaufentscheidungen abnimmt und die Dauer der Entscheidung und die Zahl der an der Entscheidung beteiligten Personen zunimmt. Aus solchen strukturellen Gesetzmäßigkeiten gilt es bei der Vorauswahl die richtigen Schlüsse zu ziehen.

Der Haken bei der Sache   Wenn die ursprünglich sehr umfangreiche »Longlist« zur kondensierten »Shortlist« geworden ist, auf der sich nur noch Firmen befinden, von denen Sie sich wirklich etwas versprechen, liegt ein wichtiges Stück Arbeit hinter Ihnen. Warum, werden Sie sich nun fragen, gibt es so viele Anhänger der Du-Strategie, wenn eine Firmenrecherche so elegant und komfortabel abläuft wie geschildert? Sie ahnen es, die Sache hat einen Haken!

Hätte Herr P. seine Affinitäten nicht mithilfe des Branchencodes (NACE) dingfest machen und eingrenzen können, dann sähe die Sache wesentlich weniger erfreulich aus. Wäre seine Wahl zum Beispiel auf die schon einmal erwähnten »erneuerbaren Energien« gefallen, würde es ihm nicht gelingen, mithilfe des Hoppenstedt-Schlüssels eine praktikable Abfrage zu formulieren.

Grenzen der Kategorisierung   Und mit diesem Problem stünde Herr P. nicht alleine da. Nicht weil sich so viele Menschen für erneuerbare Energien interessierten, sondern weil es sehr viele Fragestellungen gibt, auf die der NACE-Schlüssel die Antwort schuldig bleiben muss. Dieser Schlüssel bleibt immer stumm, wenn es um Produktgruppen geht, die sich aus Artikeln unterschiedlichen Materials zusammensetzen. Erneuerbare Energie – das Thema reicht von Wasser, Strom, Gas bis hin zu Gülle und Kompost. Dafür hat der NACE-Schlüssel buchstäblich kein Verständnis.

Sie wollen schnell mal einen Überblick über die Markenartikel-
branche bekommen? Markenartikel reichen von Nahrungs- und
Genussmitteln über Wasch- und Reinigungsmittel bis hin zu Tex-
tilien – dasselbe Problem: nichts für den NACE. In solchen Fällen
muss man sich eine Ersatzlösung einfallen lassen.

**Die Schlüssel bewährter Nachschlagewerke und
Datenbanken sind nicht für alle Fragestellungen gleich
gut geeignet. Alternativen sind gefragt.**

Messen

Die erste Ersatzlösung sind Messen. Fragen Sie sich also: Gibt es zu
der Thematik, um die es mir geht, eine Messe? Vielleicht sogar eine
internationale Messe? Mit Sicherheit! Es gibt kein Produkt auf diesem
Erdball, zu dem nicht irgendwo auf dieser Welt eine Messe veranstaltet
würde.

Gehen Sie auf die Webseite des Dachverbandes der Messeveranstalter *(www.auma.de)*. Dort erfahren Sie, welche Messen in
den letzten drei Jahren stattgefunden haben und welche in den
nächsten zwei oder drei Jahren stattfinden werden – regional, national, international. Dort wird auch die Webseite der jeweiligen
Messe angegeben. Gehen Sie auf diese Webseite und suchen Sie
dort nach der Ausstellerliste und der Produktgruppensystematik.

**Messen
recherchieren**

Die Produktgruppensystematik leistet Ihnen möglicherweise
hervorragende Dienste bei der Eingrenzung Ihrer Affinitäten.
Die Ausstellerliste nennt Ihnen die Firmen, die in der jeweiligen
Produktgruppe vertreten sind – in der Regel mit direkter Verlin-
kung zur Webseite des Ausstellers. Von dort aus gehen Sie dann
in den Hoppenstedt und schauen sich die Firmenprofile an, um
zu entscheiden, ob eine Firma zur Zielfirma werden soll, und um
die Zielperson zu suchen. Dieses Verfahren ist zwar deutlich um-
ständlicher, und Sie haben sicher auch längst nicht alle interessanten und relevanten Firmen erfasst, aber Sie stehen auch nicht
mit leeren Händen da.

**Produktgruppen-
systematik**

Die Messeveranstalter sind übrigens so nett, oft auch noch die Ausstellerlisten von bereits abgelaufenen Messen zu veröffentlichen, weil die Listen von bevorstehenden Messen unvollständig sind.

Verbände

Immer dann, wenn zwei Deutsche zusammensitzen, gründen sie einen Verein, heißt es so schön. Das können Sie auch auf Firmen anwenden: Sobald eine Branche aus mehr als einer Firma besteht, wird ein Verband gegründet.

Verbände recherchieren Das kommt uns sehr entgegen, denn über das Mitgliederverzeichnis kommen wir an genau die Firmen heran, die uns interessieren. Auch hier gibt es in der Regel den direkten Link auf die Webseiten der Mitglieder. Einziges Problem: Das Mitgliederverzeichnis befindet sich häufig im untersten Kellergeschoss der Webseite. Es ist erstaunlich, wie gut es oft versteckt ist.

Den passenden Verband suchen Sie unter *www.verbaende.com* oder unter *www.verbaende.de*. Wenn Sie die Mitgliederliste des Verbandes und die Ausstellerliste der zugehörigen Messe durcharbeiten, dürften Sie recht bald eine interessante Zielfirmenkollektion zusammengestellt haben. Mit dieser Kollektion verfahren Sie dann genauso, wie wir das eben bei den Messen beschrieben haben – Sie greifen dann von dort aus gezielt auf die Hoppenstedt-Daten zu.

Ob NACE, Produktgruppen-Systematik der Aussteller oder Mitgliederverzeichnisse der Verbände – es findet sich immer ein Weg, die Zielfirmen systematisch einzugrenzen.

Zielpersonen

Als Zielperson können verschiedene Personen infrage kommen. In den meisten Fällen ist es jedenfalls nicht der Personalchef. Wenn Sie eine Position auf seiner Ebene anpeilen, ist er sicherlich nicht der richtige Gesprächspartner für Sie. Falls doch, wird man Ihre Unterlagen an ihn weiterreichen.

Es ist schwer, eine allgemeine Faustregel für die Auswahl der geeigneten Zielperson aufzustellen, aber in den Fällen, in denen es um eine Führungsfunktion geht, sind Sie beim Sprecher der Geschäftsführung am besten aufgehoben. Die Besetzung von Führungspositionen ist eine seiner natürlichen Hauptaufgaben. Falls nicht, dann weiß er in der Regel besser als jeder andere, in wessen Hände Ihre Unterlagen gehören.

Sprecher der Geschäftsführung

Je größer das Zielunternehmen, desto größer die Wahrscheinlichkeit, dass es einen Personalverantwortlichen in der zweiten Unternehmensebene gibt, der durchaus der richtige Ansprechpartner für Sie wäre. Auch der potenzielle direkte Fachvorgesetzte kann das sein, insbesondere dann, wenn Sie Ihren Platz im Unternehmen und die Position, die Sie haben möchten, genau benennen können.

Personalverantwortlicher / Fachvorgesetzter

Wenn Sie auf den Job abheben, den der Sprecher der Geschäftsführung innehat, müssen Sie Ihren Ansprechpartner außerhalb Ihrer Zielfirma suchen, also im Kreis der Gesellschafter oder in der Geschäftsführung der Obergesellschaft. Das ist vom Grundsatz her nicht schwieriger als in den zuvor beschriebenen Fällen, aber es ist deutlich arbeitsaufwendiger, weil mit mehreren Zwischenschritten verbunden.

Kreis der Gesellschafter

Beim Ermitteln der geeigneten Zielperson im Unternehmen kommt es auch auf ein gewisses Fingerspitzengefühl und eine gute Portion Hartnäckigkeit an.

8. Helfer auf der Suche nach einer neuen Position

Wer kann Ihnen bei Ihrer Jobsuche tatsächlich behilflich sein und in welchem Umfang können Sie diese Unterstützung erwarten? Was Headhunter, Personalberater und Co. für Sie tun und wie Sie Ihr persönliches Netzwerk miteinbeziehen können, zeigen wir Ihnen hier.

Headhunter

Gute Zeiten, schlechte Zeiten Reden wir zunächst einmal darüber, weshalb viele Fach- und Führungskräfte noch nie einen Anruf vom Headhunter bekommen haben: In konjunkturell schlechten Zeiten kann es gut sein, dass die Zahl der Personen, die sich auf eine attraktive Stellenausschreibung bewirbt, bei deutlich mehr als hundert liegt. Unter diesen zahlreichen Bewerbern wird mit hoher Wahrscheinlichkeit ein geeigneter Kandidat zu finden sein. Wird die Konjunktur besser oder schäumt sie sogar über, tritt das Gegenteil ein: Man kann die Anzeige mehrfach veröffentlichen, man kann ihr Format von Mal zu Mal vergrößern – und trotzdem finden sich nicht genügend Bewerber. Wie viele und welche Positionen per Direktansprache besetzt werden und wie viele per Anzeige, variiert also im Zeitablauf und mit der konjunkturellen Situation.

> **Die Konjunktur ist ein guter Indikator dafür, ob Headhunter und Personalberater gut beschäftigt sind oder eher Däumchen drehen.**

Querschnitt- funktionen Für die klassischen Querschnittfunktionen – also zum Beispiel im Rechnungswesen / Controlling, im Personalwesen oder im Marketing – gilt ganz allgemein: Es ist zwar wichtig, dass Sie das Instrumentarium Ihres Jobs beherrschen, aber man erwartet von Ihnen nicht unbedingt spezifische Branchen- oder Produktkenntnisse. Es kann dann also zum Beispiel ziemlich egal sein, ob das Unternehmen, aus dem Sie kommen, Messer und Gabeln herstellt oder Gabelstapler. Muss hingegen eine Funktion im Vertrieb oder in der Technik besetzt werden, dann sind die Tätigkeitsfelder, aus denen der geeignete Bewerber kommen soll, sehr viel enger gezogen. Häufig kann er dann nur vom unmittelbaren Wettbewerb kommen. Ein Unternehmen, das Gabelstapler herstellt, hat in den Funktionsbereichen Entwicklung, Fertigung und Vertrieb vermutlich keine Verwendung für Personen, deren Profession die Entwicklung, die Herstellung oder der Vertrieb von Besteck ist, und umgekehrt dürfte dasselbe gelten.

Je höher, umso interessanter

Ein dritter Aspekt ist natürlich die Hierarchie, also die Etage, in der die zu vergebende Position angesiedelt ist. Je höher Sie in der Hierarchie sind, desto besser sind Sie sichtbar und damit natürlich auch leichter zu identifizieren. Desto geringer wird wohl auch Ihre Bereitschaft sein, im Rahmen einer klassischen Stellenausschreibung »die Hosen herunterzulassen«, ohne letztlich zu wissen, wer Ihnen dabei zuschaut. Da ist die neutrale und diskrete Kontaktaufnahme durch einen Headhunter, mit dem Sie zunächst einmal recht unverbindlich über sein Angebot sprechen können, vermutlich der angemessenere Ansatz.

Je größer, je schwieriger

Ein weiterer Aspekt ist die Größe des Unternehmens, in dem Sie arbeiten. Je größer das Unternehmen ist, desto schwieriger ist es in der Regel, Sie von außen zu identifizieren. Es ist gut möglich, dass sich so mancher Headhunter für Sie interessieren würde, wenn er nur wüsste, wie er Sie in Ihrem »Riesenladen« finden kann. Es ist also nicht die schlechteste Idee, ihm dabei zu helfen.

Zu Hause findet man Sie nicht

Wenn Sie in Lohn und Brot sind und jedes halbe Jahr von einem Headhunter angerufen werden, dann empfinden Sie solche Anrufe möglicherweise als lästig. Haben Sie soeben Ihren Job verloren, verhält es sich vermutlich genau umgekehrt: Sie würden am liebsten jeden Tag mindestens zwei Berateranrufe entgegennehmen. Aber die bleiben in der Regel aus, auch wenn Sie früher schon mehrfach angesprochen worden sind. Das hat mit Ihrer neuen Situation zu tun. Sie sind telefonisch und per E-Mail nicht mehr bei Ihrem bisherigen Arbeitgeber zu erreichen, sondern nur noch privat. Wer Ihre privaten Daten nicht hat, der braucht schon eine gewisse Hartnäckigkeit, um sie in Erfahrung zu bringen. Ihr bisheriger Arbeitgeber wird sie vermutlich nicht herausrücken. Zählen Sie in einer solchen Situation nicht zu den besonders aussichtsreichen oder gefragten Kandidaten, kann es gut sein, dass der Enthusiasmus schon bald erlahmt und die Spur zu Ihnen nicht weiter verfolgt wird.

Wertverlust durch Jobverlust

Und es gibt noch einen sehr viel gravierenderen Grund für das Ausbleiben von Anrufen: Sind Sie »out of Job«, lässt das Interesse vonseiten der Headhunter mitunter merklich nach. Ihr Wert als Kandidat hat durch den Jobverlust möglicherweise gelitten. Das muss nicht in allen Fällen so sein, ist aber keine Seltenheit. Der Kunde des Headhunters, der ein recht stattliches Honorar für die Suche zahlen muss, erwartet vom Berater andere Kandidaten als jene, die ihm bei einer Stellenausschreibung auch ganz von alleine »zulaufen« würden. Stellt der Headhunter seinem Kunden drei oder vier Kandidaten vor, mag es angehen, dass einer darunter ist, der soeben seinen bisherigen Job verloren hat oder in Kürze verlieren wird. Sind zwei der insgesamt drei oder vier Kandidaten arbeitslos oder kurz davor, dann macht der Berater bei seinem Kunden keine gute Figur. Und bei drei arbeitslosen Kandidaten braucht er sich um Folgeaufträge keine weiteren Gedanken zu machen – er bekommt keine. Sie finden das ungerecht? Überlegen Sie, wie Sie reagieren würden, wenn Sie selbst der Auftraggeber des Headhunters wären.

> **Ob ein Bewerber für den Headhunter gut zu finden ist, hängt von einigen Punkten ab: Allrounder oder Spezialist, Stellung in der Hierarchie, Größe des Unternehmens, fest im Sattel oder bereits raus aus der Firma – all das muss berücksichtigt werden, wenn man vom Headhunter gesehen und kontaktiert werden möchte.**

Der Wert »guter Beziehungen«

Wie sorgt man dafür, dass der Headhunter weiß, dass es Sie gibt? Das ist einfacher, als Sie vermutlich denken. Was Sie dafür jedenfalls nicht brauchen, sind »gute Beziehungen« zu jemandem, der sich rühmt, hervorragende Kontakte zur Beraterszene zu haben.

Sie haben meist keine Vorteile, wenn Sie über irgendwelche Mittelspersonen Kontakt zu einem Berater aufnehmen. Personalberater geben nicht unbedingt viel auf das Urteil solcher Mittelsleute, »Leute beurteilen« können sie in der Regel selbst ganz gut. Und wenn Sie von jemandem vehement »promotet« werden, kann es sogar sein, dass man Ihnen mit besonderer Skepsis begegnet.

Sie können Ihre Bewerbungsunterlagen in einen Umschlag stecken und jedem beliebigen Headhunter dieser Welt mit einem Brief zuschicken, in dem Sie ihm sinngemäß mitteilen: Ich strebe diese oder jene Position an und möchte Sie höflich bitten, mich bei entsprechenden Projekten zu berücksichtigen, mein Lebenslauf anbei; von den Details wird gleich noch die Rede sein. Eine E-Mail mit Anhang leistet dasselbe. Welche Optionen gibt es nun?

Direkte persönliche Ansprache

- Wenn der Empfänger Ihres Briefes feststellen muss, dass er kein Projekt hat, für das Sie ein interessanter Kandidat sein könnten, dann wird er Ihnen das mitteilen.

- Sieht er Chancen, dass Sie bei seinen zukünftigen Projekten zum Zuge kommen könnten, dann wird er Sie in seine Datei aufnehmen und Sie auf später vertrösten.

- Hat er ein Projekt, für das Sie ein potenzieller Kandidat sind, dann wird er sich mit Ihnen in Verbindung setzen, um Sie kennenzulernen.

- Erfüllen Sie die Kernvoraussetzungen und ist er von Ihnen und Ihrer Persönlichkeit überzeugt, wird er Sie seinem Auftraggeber vorstellen und empfehlen.

- Ist er von Ihrer Persönlichkeit nicht oder nicht voll überzeugt, wird er Sie möglicherweise trotzdem vorstellen – dann aber wohl eher aus taktischen, politischen oder »optischen« Gründen.

- Fehlen Ihnen wesentliche Voraussetzungen, dann wird er Sie nicht vorstellen, egal, wer Sie sind und wer Sie ins Gespräch gebracht haben sollte.

So einfach ist das. Die Besonderheiten, die für die Vorstands- und Aufsichtsratsposten der Großkonzerne gelten, lassen wir hier einmal unberücksichtigt.

Voraussetzungen müssen stimmen

Die weitverbreitete Vorstellung, dass der Berater seinem Kunden einen Kandidaten vorstellt, dem einige wichtige Voraussetzungen fehlen, oder dass er einen Kandidaten besonders »promotet«, nur um einer Person aus seinem Netzwerk einen Gefallen zu tun, ist absurd. Headhunter, jedenfalls diejenigen, die nicht nur ein Kurzgastspiel in der Beraterbranche geben, sprechen in der Regel eine Garantie aus: Wenn sich der von ihnen empfohlene Kandidat nicht bewährt, muss neu gesucht werden, und zwar ohne erneutes Honorar. Was für ein Berater sollte das sein, der bereit wäre, sich selbst einen finanziellen Schaden zuzufügen, um jemand anderem einen Gefallen zu tun – von dem Imageschaden einmal ganz abgesehen? Wir können Ihnen jedenfalls nur wünschen, dass Sie einem solchen Laienspieler niemals in die Arme laufen.

> **Der Headhunter ist seinem Kunden und seinen Kandidaten verpflichtet. Aber er tut niemandem einen Gefallen, wenn er jemanden präsentiert oder bevorzugt, der ungeeignet ist.**

Den richtigen Headhunter finden

Personalberatung ist eine beliebte Parkposition für Manager auf Stellensuche. Solche Manager vermarkten die Kontakte, die sie über viele Jahre in einer Linienfunktion geknüpft haben, bis für sie selbst ein neuer Managerjob gefunden ist. Das muss für die Kunden und Kandidaten nicht unbedingt von Nachteil sein, auch wenn das keine besonders professionelle Arbeitsweise ist. Es funktioniert aber eigentlich nur, wenn es um branchenspezifische Jobs geht.

Größe der Gesellschaft

Repräsentiert der Berater Ihre Branche, sind Sie vielleicht gar nicht so schlecht bei ihm aufgehoben, auch wenn er »Einzelkämpfer« ist. In allen anderen Fällen, also immer dann, wenn die Branche, in der Sie zukünftig arbeiten wollen, eher sekundär ist, werden Sie bei den größeren Beratungsgesellschaften die besseren Chancen haben. Das ist nicht deswegen so, weil Größe an sich gut ist oder weil es bei den größeren Gesellschaften die besseren Berater gäbe. Es liegt eher am Faktor Wahrscheinlichkeit: Es ist einfach wahrscheinlicher, dass die für Sie passende Position dabei ist, wenn die von Ihnen kontaktierte Beratungsgesellschaft pro Jahr hundert Suchprojekte durchführt, als wenn es vielleicht nur zehn sind.

Die langjährig tätigen, international und auch in Deutschland an verschiedenen Standorten vertretenen Headhunter haben einiges gemeinsam:

Qualitätsmerkmale

- Sie haben fünf oder mehr Berater.
- Sie sind seit Langem im Markt.
- Sie werden von interessanten Auftraggebern akzeptiert.
- Ihre Berater sind in der Regel erfahrene Profis.

Vielleicht sind nicht alle Berater dieser Gesellschaften besonders nette Menschen. Von manchen wird man sogar sagen können, sie seien arrogant und borniert, und vermutlich trifft man dort auch auf das eine oder andere »Ekelpaket«. Daran sollten Sie sich nicht stören. Sehen Sie darüber hinweg, denn schließlich sollen Sie nicht dauerhaft mit dem Berater zusammenarbeiten, sondern mit dessen Klient. Ist der Berater unsympathisch, bedeutet das nicht, dass auch der potenzielle zukünftige Vorgesetzte unsympathisch sein muss und umgekehrt: Ein sympathischer Berater kann auch für einen »Saftladen« oder einen unsympathischen Vorgesetzten auf die Pirsch gehen. Auch das stellt an sich noch kein Problem dar, solange der Berater Sie darüber aufklärt. Schließlich brauchen insbesondere die schlecht geführten Unternehmen »frisches Blut« von außen, und abschreckende Vorgesetzte haben durchaus einen Vorzug: Es ist leicht, sich positiv von ihnen abzuheben.

Sympathie ist keine zwingende Voraussetzung für die Auswahl eines Beraters, Vertrauen aber schon.

Die Frage, an welchen Berater man sich am besten wendet, beziehungsweise an welches der Büros (falls die Gesellschaft mehrere Büros hat), ist nicht eindeutig zu beantworten. Die meisten der eben angesprochenen Executive-Search-Firmen nennen auf ihrer Webseite die Namen ihrer Berater und Partner und geben, sofern vorhanden, oft auch noch deren Beratungsschwerpunkt an. Nicht selten gibt es auch noch einen Kurzlebenslauf dazu, aus dem Sie

Beratungs-schwerpunkte

den beruflichen Hintergrund des Partners ersehen können. Dort finden Sie oft die besten Anknüpfungspunkte. Natürlich ist es oftmals naheliegend, sich zunächst einmal an das Büro zu wenden, das sich in der Region befindet, in der man tätig werden möchte.

Rufen Sie an

Falls Sie auf diese Weise Ihren »Wunschberater« identifiziert haben, können Sie ihn einfach anschreiben. Am besten aber rufen Sie ihn zunächst an, um zu klären, welche Vorgehensweise zweckmäßig ist. Wenn Sie sich entschieden haben, Ihre Unterlagen einem bestimmten Berater zur Verfügung zu stellen, sollten Sie diese nicht auch noch einem anderen Berater schicken, ohne ihn davon in Kenntnis zu setzen. Muss er später feststellen, dass Sie auch bei einem seiner Kollegen im Rennen sind, sinken seine Chancen, mit Ihrer Hilfe ein Projekt zu lösen. Für sein Image beim Kunden ist es ebenfalls nicht gut, wenn ihm ein Kandidat im Laufe der Vorstellungsarie »abhanden« kommt.

Die Rahmendaten liefern

Wenn Sie bei einer Headhunting-Company einfach anrufen, spielt es keine Rolle, bei wem Sie landen. Egal, ob Telefonist, Assistentin oder Researcher: Die Gefahr, dass Sie an eine inkompetente Person geraten, der Sie Ihr Anliegen nur mühsam klarmachen können, besteht in der Regel nicht. Sagen Sie also zum Beispiel ganz einfach (nach der Begrüßung und der Nennung Ihres Namens): »Ich bin Controller eines mittelständischen Unternehmens der Pharmaindustrie und suche eine international orientierte Aufgabe mit Sitz im süddeutschen Raum. An wen sollte ich mich am besten wenden?« Oder auch: »Ich bin bei der Tochter eines amerikanischen Konzerns für das Controlling der europäischen Beteiligungen zuständig und strebe mittelfristig die Position kaufmännischer Geschäftsführer oder Bereichsleiter in einer entsprechend größeren Einheit an.« Wichtig ist also, dass Sie Ihrem Gesprächspartner ein paar Orientierungsmarken liefern. Er kann dann die richtigen Schlüsse daraus ziehen und Ihren Anruf entsprechend kanalisieren.

Das Erstgespräch

Entwickeln Sie nicht den Ehrgeiz, den Berater Ihrer Wahl persönlich ans Telefon bekommen zu wollen. Solange es um die Klärung geht, zu wessen Händen Sie Ihre Unterlagen schicken könnten, sind Sie bei der Assistentin oder dem Assistenten eines Beraters bestens aufgehoben. Vielleicht reicht man Sie auch an das Research weiter. Das Research, also die Person(en), die sich um die Identifikation von Zielfirmen und Zielpersonen kümmert, ist ebenfalls ein guter und kompetenter Ansprechpartner.

Bittet man Sie um die Zusendung Ihrer Unterlagen, können Sie auch gleich noch fragen, ob es sinnvoll ist, diese Unterlagen zusätzlich anderen Büros oder anderen Beratern derselben Gesellschaft zur Verfügung zu stellen. Das wird sehr unterschiedlich gehandhabt. Einige Beratungsgesellschaften sind mittlerweile so weit, dass die unaufgefordert eingegangenen Unterlagen jedem Berater zur Verfügung stehen, sobald er seinen Rechner gestartet hat.

Einer oder mehrere?

> **Der Erstkontakt muss nicht direkt über den Berater laufen. Es gibt auch andere Stellen, die den Kandidaten kompetent empfangen und mit allen nötigen Informationen und Hinweisen versorgen können.**

Sagt man Ihnen, dass man kein passendes Projekt habe und deshalb auch nicht an der Zusendung Ihrer Unterlagen interessiert sei, dann sollten Sie das akzeptieren. Natürlich können Sie jetzt noch Ihren guten Bekannten bitten, seine langjährigen guten Beziehungen zu einem der Berater dieses Hauses spielen zu lassen. Dann dürfen Sie Ihre Unterlagen trotzdem schicken und bekommen wahrscheinlich auch ein überaus höfliches Briefchen, in dem man Ihnen zusagt, Ihr Anliegen gut im Auge zu behalten. Verwendung hat man trotzdem keine für Sie.

Nein ist Nein

Wahrscheinlich fragen Sie sich jetzt, auf welcher Seite des Anhangs Sie unsere Beraterliste finden können. Wir müssen Sie enttäuschen – wir rücken unsere Beraterliste nicht heraus, sondern hüten sie wie unseren Augapfel und pflegen sie. Sie ändert sich ständig, weil auch die Beraterszene ständig in Bewegung ist. Schon unter diesem Gesichtspunkt ist es nicht sinnvoll, eine solche Liste zu veröffentlichen. Es gibt Beraterlisten über das Web zu kaufen. Wir haben kürzlich probehalber eine erworben, für etwa 65,– Euro. Wie die Qualität und Zuverlässigkeit dieser Liste einzuschätzen ist, möchten Sie gerne wissen? Fragen Sie lieber nicht.

Halbwertszeit von Beraterlisten

Wir verraten Ihnen einen Geheimtipp: Unter *www.aesc.org* finden
Sie die Webseite der Association of Executive Search Consultants.
Diese Vereinigung gibt es schon seit 30 Jahren, und es besteht An-
lass zu der Hoffnung, dass sie auch noch in den nächsten Jahren
bestehen wird. In diesem Verband ist alles Mitglied, was in der
Branche Rang und Namen hat. Dort werden Sie finden, wonach
Sie suchen.

Outplacement- und Karriereberater

**Wer sich für das Thema JobSearch interessiert, gehört in der Regel
zu den Fortgeschrittenen in Sachen Bewerbung und beruflicher
Neuorientierung. Deshalb dürfen wir wohl auch unterstellen, dass Sie
mit der Dienstleistung Outplacement schon in Berührung gekommen
sind und zumindest eine grobe Vorstellung davon haben, wie
eine solche Beratung abläuft und welche Leistungen in der Regel
dazugehören.**

Gesamtpaket Outplacement, genauer gesagt Einzeloutplacement, ist in den
meisten Fällen ein fest verschnürtes Leistungspaket, das die Anbieter nur ungern in seine Bestandteile zerlegen und in Einzel-
portionen verkaufen. Der Grund ist kein finanzieller, sondern ein
honoriger. Die Befürchtung, dass man bei einem Mandanten, der
nur eine Teilleistung bucht, doch immer wieder auch Lücken in
anderen Bereichen ausbügeln muss, ist nicht von der Hand zu
weisen und führt nicht selten dazu, dass das Erbringen einer Ein-
zelleistung ein reines Minusgeschäft wird.

Schwer zu Nun ist aber die Dienstleistung nicht so beliebt, wie es für Außen-
verkaufen stehende oft den Anschein hat. Der Markt ist winzig und die Zahl
der Marktteilnehmer überaus groß. Outplacement wird letztlich
von den Personalern, die sich von einem Mitarbeiter trennen
wollen, »vorverkauft«. Aber das funktioniert leider bei Weitem
nicht so gut, wie das für alle Beteiligten wünschenswert wäre.
Das liegt meist nicht am fehlenden Bemühen oder am verkäuferi-
schen Unvermögen der Personaler, sondern wohl eher in der Natur der Sache. Würden Sie eine Dienstleistung kaufen, die Ihnen
jemand empfiehlt, der Ihnen gerade den Stuhl vor die Tür gesetzt

hat? Wohl eher nicht. Wir jedenfalls würden unterstellen, dass diese Empfehlung einen Pferdefuß hat.

Ein weiteres Problem dürfte ein juristisches sein. Es scheint, dass die Zunft der Rechtsanwälte immer stärkere »Verkaufsargumente« entwickelt. Jedenfalls gelingt es ihnen zunehmend, Menschen davon zu überzeugen, dass es sich für sie lohnen wird, Klage gegen den bisherigen Arbeitgeber zu führen.

Kündigungsschutz-klagen

Eine dritte Schwierigkeit, Kunden für die Dienstleistung Outplacement zu finden, liegt in der Persönlichkeit der von der Entlassung oder Freisetzung betroffenen Personen. Viele Menschen beginnen mit der beruflichen Neuorientierung nicht sofort, wenn sie davon erfahren. Sie beschäftigen sich mit den damit verbundenen Fragen oft erst dann, wenn der letzte Arbeitstag vorüber ist. Das ist meistens ein paar Wochen oder Monate zu spät und für den Betroffenen fatal. Zu diesem Zeitpunkt steht das Thema Outplacement schon gar nicht mehr zur Diskussion.

Verdrängung der Arbeitnehmer

Dass viele Betroffene das Outplacement-Angebot ausschlagen, hat nicht zuletzt auch mit einer gewissen Fehleinschätzung zu tun. Man hat sich die Suche nach einem neuen Job leichter vorgestellt und realisiert erst ziemlich spät, dass in einigen Punkten durchaus professionelle Hilfe vonnöten ist. Allerdings ist sie zu diesem späteren Zeitpunkt auch teurer – das hat damit tun, dass man als »Selbstzahler« auch noch die Mehrwertsteuer obendrauf zahlen muss.

Überschätzung des Marktwertes

Der Bedarf für die Dienstleistung, die von Outplacern erbracht wird, ist zwar da, aber die Nachfrage setzt sehr spät und zu einem denkbar ungünstigen Zeitpunkt ein. Und ein weiteres erstaunliches Phänomen tritt in Erscheinung: Führungskräfte – Einzeloutplacement ist eine Dienstleistung, die sich in erster Linie an sie richtet – geben, solange sie in Lohn und Brot sind, ohne mit der Wimper zu zucken, 1500 oder mehr Euro pro Beratertag aus – auf Kosten ihres Arbeitgebers natürlich. Sobald es ihnen ans eigene Portemonnaie geht, fehlt ihnen plötzlich jedwedes Verständnis für solche Tagessätze.

Zu teuer?

Outplacement-Leistungen werden in vielen Fällen nur ungern genutzt und manchmal auch abgelehnt. Die Gründe dafür sind vielfältig und halten die potenziellen Nutzer davon ab, eine Chance für ihre weitere berufliche Entwicklung zu ergreifen.

Einzelleistungen statt Gesamtpaket

All diese Phänomene zusammengenommen haben dazu geführt, dass viele Outplacement-Gesellschaften ihre Dienstleistungen mittlerweile scheibchenweise anbieten. Am leichtesten fällt das denjenigen, die nicht Mitglied im BDU, dem Bundesverband der Unternehmensberater, sind. Wer Mitglied im BDU sein will, muss nämlich, einer alten, aber längst überholten Tradition folgend, auch Büroservice anbieten. Das bleibt nicht ohne Einfluss auf die Kosten. Outplacement- und Karriereberater, die nicht Mitglied des BDU sind und von denen es viele Tausend gibt, können da etwas flexibler reagieren.

Unübersichtliches Angebot

Der potenzielle Nachfrager steht heute jedenfalls einem unübersichtlichen Angebot gegenüber. Hatte er früher nur das Problem, den Inhalt des Gesamt-Leistungspaketes richtig zu beurteilen, so muss er heutzutage aus den vielen dünn geschnittenen Scheibchen die richtigen auswählen, damit am Ende wieder ein ordentliches Stück Wurst daraus wird.

Was ist Ihr Problem?

Ehe Sie sich auf die Suche nach Hilfe machen, sollten Sie erst einmal versuchen, Ihr Problem einzugrenzen. Wenn Sie bereits seit einiger Zeit im offenen Stellenmarkt auf der Suche sind, werden Sie bereits ein gewisses Feedback aus dem Markt haben, das Ihnen Hinweise auf Schwachpunkte liefern kann.

Überzeugende Unterlagen?

Haben Sie bereits 100 oder mehr Bewerbungen auf Stellenanzeigen verschickt, ohne Einladungen zu Vorstellungsgesprächen zu erhalten, dann sollte die Fehlersuche bei Ihren Unterlagen und bei der Ausrichtung Ihrer Suche ansetzen. Es kann sein, dass Sie falsche Vorstellungen von Ihrer Wettbewerbsstärke haben. Es kann ebenso gut sein, dass ein grottenschlechtes Zeugnis in Ihren Unterlagen schuld daran ist, dass Sie nie eingeladen werden.

Haben Sie bereits zahlreiche Vorstellungsgespräche gehabt, aber noch nie oder nur ganz selten die Chance zu einem zweiten oder

dritten Gespräch, dann kann die Ursache ebenfalls in Ihren Unterlagen zu suchen sein: Vielleicht sind sie so geschönt, dass die Realität, sprich Ihr persönliches Erscheinen, regelmäßig die Hoffnungen enttäuscht, die Sie auf diese Weise geweckt haben. Es kann
auch sein, dass Sie sich im Gespräch unnötige Blößen geben.

**Die Identifikation eigener Fehler in der Bewerbungsphase
ist eine gute Voraussetzung dafür, dem Karriereberater
das eigene Anliegen realistisch zu schildern. Nur dann
kann er konkrete Hilfe anbieten.**

Geht es Ihnen darum, im verdeckten Stellenmarkt voranzukom-
men, brauchen Sie vermutlich jemanden, der Ihnen strategisch
und researchmäßig unter die Arme greifen kann. Es ist schon
schwierig, den eigenen Bedarf zu diagnostizieren, noch viel
schwieriger ist es, den geeigneten Berater oder Coach zu identifizieren, deshalb ein paar Tipps zur Beraterwahl:

■ Wenn eine Outplacement-Gesellschaft auch noch eine
Personalberatungsgesellschaft betreibt, so ist dies nicht von
Vorteil für Sie.

■ Wenn eine Outplacement-Gesellschaft den Eindruck zu
erwecken versucht, der Erfolg sei Ihnen so gut wie sicher,
weil man über gute Kontakte in der Personalberater- und
Headhunterszene verfüge, so ist das Augenwischerei, und
die Vermutung liegt nahe, dass man diese Herangehensweise bei der Darstellung anderer Dienstleistungsbestand-
teile fortsetzt.

■ Die Protzerei mit Besetzungsquoten ist unsinnig. Sie treffen keinerlei Aussage über die Dauer bis zur Besetzung
einer Position. Wer sich von so etwas beeindrucken lässt,
verhält sich wie der Autokäufer, der eine Leasingrate nach
ihrer absoluten Höhe beurteilt und dabei die Voraus- und
Abschlusszahlungen außer Acht lässt.

■ Viele Anbieter setzen Instrumente der Psychodiagnostik
ein. Was wir von den gängigen Instrumenten halten, haben
wir bereits an anderer Stelle ausführlich dargelegt. Sollten

Sie ein bisher nicht genanntes Instrument kennenlernen, das Ihnen ganz wesentlich bei der Formulierung einer erfolgreichen Suchstrategie geholfen hat, so bitten wir Sie hiermit höflichst, uns darüber in Kenntnis zu setzen.

- Lassen Sie sich alle Angebote und Angebotsbestandteile detailliert erläutern und unterschreiben Sie nichts, solange Ihnen nicht eindeutig klar ist, welcher Teil der Arbeit von Ihnen erledigt werden muss und welcher zu den Aufgaben des Beraters gehört.

- Unterschreiben Sie nichts, solange Sie nicht den Berater kennengelernt haben, der Sie persönlich betreuen wird.

- Versuchen Sie immer herauszufinden, welchen persönlichen fachlichen Hintergrund Ihr Berater hat. Umfangreiche psychologische Methodenkenntnisse sind für Sie nur dann von Vorteil, wenn Sie ein psychisches Problem haben. Ansonsten gilt: Je dichter Ihr Berater mit seinen Vorkenntnissen an Ihrer Branche und Ihrem Tätigkeitsfeld dran ist, desto besser für Sie. Stellt er Ihnen Fragen, die auf Unkenntnis schließen lassen, setzen Sie Ihre Suche besser fort.

- Berater und Coachs bieten in der Regel unverbindliche Vorgespräche an. Nutzen Sie diese Möglichkeit. In vier Vorgesprächen lernen Sie mehr über sich als in einer langen Sitzung mit einem ungeeigneten oder unfähigen Coach.

Networking

Viele Menschen, die sich einen neuen Job suchen müssen, klagen über ihren Mangel an »Vitamin B«, weil es über die persönliche Kontaktschiene nicht so richtig läuft. Aber selbst fleißige Netzwerker müssen, wenn sie arbeitslos werden, feststellen, dass sie oft mit den falschen Leuten verlinkt sind.

Manchmal halten auch die »richtigen« Beziehungen nicht das, was man sich von ihnen verspricht. »Falsch« sind in diesem Moment nämlich alle Kontakte, die nicht direkt einen Job zu ver- **Realistische Erwartungen** geben oder bei der Besetzung einer Position ein Wörtchen mit-zureden habcn – das dürften jedoch die meisten Personen sein, die man in seinem Netzwerk hat. Und diejenigen, die über Jobs entscheiden oder mitreden, haben in diesem Moment gerade kei-nen Job zu besetzen, oder falls doch, leider nur den falschen. Alles andere wäre wirklich ein großer Zufall. So gut viele Beziehungen funktionieren, wenn schnell ein Kandidat gefunden oder zumin-dest benannt werden muss, so schwierig ist es, in umgekehrter Richtung fündig zu werden. In dieser Situation erweist sich Net-working oft als außerordentlich mühevoll, arbeitsaufwendig und vor allem unergiebig.

Wenn Sie aus Ihren bestehenden Kontakten das Maximale he-rausholen möchten, gilt es, ein paar Dinge zu beachten. Auch wenn man die »richtigen« Beziehungen hat, will es oft nicht so recht klappen, und schnell macht sich Enttäuschung breit. Die Freundschaften halten vermeintlich nicht das, was man sich von ihnen versprochen hat – man bekommt nicht die erwartete Un-terstützung. Dabei liegt der Fehler nicht bei den Freunden und Bekannten, die sich nicht genügend ins Zeug legen. Der Fehler liegt eher bei einem selbst. Menschen, die einen Job verlieren, reagieren genau so wie besagter Abteilungsleiter, der einen Mitar-beiter verloren hat – sie aktivieren sofort ihr Netzwerk. Im Gegen-satz zu dem Abteilungsleiter, der präzise sagen kann, wonach er sucht, kann das der Jobsuchende selbst in dieser Situation über-haupt noch nicht. Kaum einer der gutmeinenden Freunde hat die Chance, wirklich zu helfen, so gern er das auch möchte.

Werden Sie sprechfähig

Mit Ihren besten Kontakten sollten Sie erst dann reden, wenn Sie ihnen klar sagen können, wonach Sie suchen.

Der zweite Kardinalfehler: Sie reden nur mit Leuten, von denen Sie glauben, sie verstünden etwas von dem Job, den Sie suchen, und ignorieren alle übrigen. Wenn man mit dieser Einstellung an das Thema »Beziehungen« herangeht, werden nicht viele üb-rig bleiben, mit denen zu reden sich lohnen würde. Diejenigen, die über die meisten Kontakte verfügen, haben normalerweise am wenigsten Ahnung von fachspezifischen Belangen. Sie soll-ten also mit allen Personen reden, die Sie gut kennen und von

Sprechen Sie mit allen

Darne!

denen Sie annehmen können, dass sie alles daransetzen, Ihnen zu helfen. Betrachten Sie diese Personen unabhängig von ihrem Know-how und von dem Kontaktnetz, das sie repräsentieren – das kann man ohnehin nie richtig einschätzen. Empfehlungen kann nur derjenige aussprechen, der Sie gut kennt und schätzt. Entscheidend ist, wie man mit ihm redet.

Schwiegermutterprinzip statt Fachchinesisch

Sie müssen jedem, selbst dem absoluten Nichtfachmann, klarmachen können, wofür Sie stehen und wonach Sie suchen. Für diesen Fall gilt das berühmte »Schwiegermutterprinzip«. Schwiegermütter wollen immer alles wissen und das sollen sie in diesem Fall ja auch. Man muss es ihnen eben nur richtig erklären. Fachchinesisch ist fehl am Platze. Das gilt nicht nur für die Schilderung der gesuchten Aufgabe; es gilt auch für die Schilderung des eigenen Hintergrundes. Hier liegt oft das weitaus größere Problem. Wer seinen Job verloren hat, tendiert zu einer eher »wichtigtuerischen« Darstellung seiner bisherigen Funktionen und Aufgaben. Leider ist das in diesem Moment noch weniger zielführend als sonst.

Wenn man der »Schwiegermutter« klarmachen möchte, womit man bisher seine Brötchen verdient hat und es sich um einen Job handelt, mit dem kaum eine Schwiegermutter eine Vorstellung verbindet, dann kann man sich auf zwei Wegen verständlich machen:

- Erklären Sie ihr, wozu die bisherige Arbeit nützlich ist, oder
- schildern Sie, welche schrecklichen Katastrophen man mit Ihrer Arbeit verhindert.

In unseren Seminaren für arbeitslose Führungskräfte haben wir oft geübt, den eigenen Job oder die bisherige Profession »schwiegermuttertauglich« darzustellen. Vor vielen Jahren hatten wir einen Teilnehmer, der sagte, er sei für die Dokumentation von Kernkraftwerken verantwortlich. Darunter konnte sich natürlich kaum jemand etwas vorstellen. Er hatte bereits zwei missglückte Versuche hinter sich, allen beteiligten Seminarteilnehmern in zwei bis drei Sätzen zu erläutern, was es denn nun mit seinen Tätigkeiten auf sich habe. Als die Seminarrunde sich auch noch nach seinem dritten Versuch dumm stellte und so tat, als würde sie nicht verstehen, wovon er sprach, wurde er sehr ärgerlich, und schließlich platzte es aus ihm heraus: »Menschenskinder, ich schreibe die Bedienungsanleitungen für Kernkraftwerke, damit euch die nicht um die Ohren fliegen!« So muss das sein! Das hätte zweifellos jede Schwiegermutter verstanden.

Das Schwiegermutterprinzip besagt: Man muss einen Sachverhalt, ein Problem oder den eigenen Job so kurz und prägnant beschreiben können, dass es sogar die eigene Schwiegermutter begreifen würde – oder jede andere Person, die bei der Suche nach einem Job hilfreich sein könnte.

Sie dürfen auch keinesfalls unterstellen, dass Verwandte, Freunde und Bekannte immer ganz genau wissen, was Sie beruflich machen – und umgekehrt. Meist kennen wir nur den Namen des jeweiligen Arbeitgebers, aber ihre Funktion? Fehlanzeige! Erst kürzlich hatten wir einen Mandanten, der sich in einer schwierigen beruflichen Situation befand, für die er einen sehr guten Rechtsbeistand benötigte. Er erzählte, er habe nur durch Zufall erfahren, dass einer seiner langjährigen Sportkameraden von einer großen Publikumszeitschrift als einer der 50 wichtigsten deutschen Rechtsanwälte eingestuft wurde. Diese Information erreichte ihn allerdings entschieden zu spät. **Unwissenheit im Umfeld**

Jeder Mensch hat ein Beziehungsnetz, und meistens ist es größer als gedacht. Wenn Sie wissen wollen, welches Netzwerk Sie haben, dann sollten Sie sich eine halbe Stunde hinsetzen und die Namen aller Menschen zusammenstellen, mit denen Sie in den letzten 15 Jahren zu tun hatten. Menschen, an deren Namen Sie sich nicht mehr erinnern können, gehören allerdings nicht auf diese Liste. An folgende Personen sollten Sie zum Beispiel denken: **Eine Netzwerkliste erstellen**

- Freunde
- Bekannte
- Verwandte
- Sportkameraden
- Mitschüler
- Kommilitonen
- Kollegen

- Exkollegen
- Lehrer
- Professoren
- Trainer
- Berater
- Kunden
- Ehemalige Kunden
- Lieferanten
- Ehemalige Lieferanten

Das eigene Beziehungsnetz ist meist größer als gedacht. Machen Sie eine intensive gedankliche Reise durch Ihre Vergangenheit, um sich an alle Kontakte zu erinnern.

Schreiben Sie Briefe Da es in etlichen Fällen leichter sein wird, den Kontakt schriftlich wiederaufzunehmen, sollten Sie einen Brief verfassen, in dem Sie Ihr Anliegen schildern. Wie ein solcher Brief aussehen könnte, sehen Sie hier:

Peter Mustermann   *Musterstadt, 13. Januar 2008*
Musterstr. 17
12345 Musterstadt
Tel.: 01234 987654
E-Mail: Mustermann@t-muster.de

Herrn
Erik Anders
Andersenstr. 14
54321 Andersstadt

Berufliche Veränderungen

Lieber Erik,
auch wenn es jetzt schon einige Zeit her ist, dass wir uns das letzte Mal getroffen haben (meiner Erinnerung nach zuletzt auf dem Empfang der bayrischen Medienmacher auf dem Oktoberfest im letzten Jahr), erlaube ich mir doch, Dich anzuschreiben und um einen Tipp zu bitten.
*   Wie Du sicherlich weißt, war ich in den letzten fünf Jahren als Vertriebsleiter Anzeigen für die Musterzeitung in Musterstadt tätig;*

die Musterzeitung ist mit einer Auflage von 280 000 Exemplaren/Tag Marktführer in der Region. Während meiner Tätigkeit für diese Zeitung ist es mir gelungen, das Anzeigengeschäft annähernd zu verdoppeln: 2002 habe ich die Stelle mit einem Erlös von XY TEUR übernommen, mittlerweile erzielen wir im Anzeigengeschäft XY TEUR pro Jahr.

Im Verlagshaus selbst war ich für meine außergewöhnlichen Ideen, die sogar mit dem bayrischen Werbepreis 2004 prämiert wurden, bekannt. Neue Werbeformen zu entwickeln, ist einfach mein Ding!

Mein Vertrag läuft zum 31. März dieses Jahres aus. Der Grund: Der Verlag, in dem die Zeitung produziert wird, wurde durch ein englisches Verlagshaus aufgekauft, der gesamten Führungsriege (und damit auch mir) wurde gekündigt. Derzeit bin ich freigestellt und auf der Suche nach einer neuen Tätigkeit. Sehr gerne würde ich wieder im Bereich Medien und Vertrieb tätig werden. Dabei spielt es keine Rolle, ob ich für elektronische Medien (Fernsehen, Hörfunk, Internet), für Printmedien (Zeitschriften, Wochenzeitungen, Magazine, Anzeigenblätter) oder auch für Verlage ganz allgemein Anzeigenplatz verkaufen oder Sonderwerbeformen entwickeln soll. Immer dann, wenn es darum geht, durch wirklich neue und spektakuläre Aktionen neue Anzeigenkunden zu gewinnen, bin ich der Richtige. Durch meine letzte Aktion zum Beispiel, bei der wir die für die Stellenanzeigen verantwortlichen Personalleiter mittelständischer Unternehmen in der Region Muster zum Seminar mit Fallschirmsprung in die Bayrischen Alpen eingeladen haben, sind drei neue Großkunden (Jahresumsatz von ca. je 60 000 EUR) für die Zeitung gewonnen worden. Das hat sich wirklich gelohnt!

Ich weiß, dass Du mir mit großer Wahrscheinlichkeit keine offene Stelle auf dem berühmten silbernen Tablett servieren kannst (falls doch, wäre das schon fast ein Wunder). Keinen Zweifel habe ich aber, dass Du mir sicherlich drei oder vier Personen nennen kannst, die mir bei meiner Suche nach einer neuen Tätigkeit behilflich sein könnten beziehungsweise mir sagen könnten, wer an mir und meinen Leistungen Interesse haben könnte. Vielleicht nicht sofort, aber es hat ja auch keine Eile. Berufliche Veränderungen brauchen ihre Zeit.

Ich werde mir einfach erlauben, Dich in zwei oder drei Wochen einmal anzurufen. Sollte Dir schon vorher jemand einfallen, würde ich mich selbstverständlich über einen Anruf von Dir sehr freuen. Du erreichst mich derzeit am besten per Handy unter 0123-987654.

Herzliche Grüße (auch an Deine Frau)!
Peter Mustermann

Neue Form des Moorhuhns Überschätzen Sie also das Networking nicht. Nutzen Sie es, um identifiziert werden zu können. Stellen Sie Ihre Daten mit möglichst vielen Details Ihres beruflichen Hintergrundes auch virtuellen Netzwerken zur Verfügung, wenn Sie möchten, dass man Sie findet. Verplempern Sie Ihre Zeit aber nicht mit der vermeintlich so wichtigen Netzwerkerei! Wie schrieb das *manager magazin* in seiner Ausgabe vom Juni 2007 (Artikel »Falsch verbunden«) so überaus treffend: »Was früher das Moorhuhn war, nennt sich heute Networking.«

Beispiele für Netz-Communitys

- *www.linkedin.com*
- *www.xing.com*
- *www.viadeo.com*
- *www.performerscircle.com*
- *www.manager-lounge.manager-magazin.de*

Säubern Sie das Internet Einen letzten Tipp zum Netzwerken im Internet möchte wir Ihnen noch geben: Googlen Sie ab und zu den eigenen Namen, um zu überprüfen, was das Internet über Sie ausplaudert. Was nicht in Ihrem Sinne ist, bringen Sie zum Verschwinden, indem Sie zu den jeweiligen Webmastern oder den im Impressum genannten Personen Kontakt aufnehmen.

Personalberater

Personalberater haben in einem Kapitel mit der Überschrift »Helfer« eigentlich nichts verloren. Sie wären von ihrem Erfahrungshintergrund her sicherlich optimal dafür. Viele Leute glauben auch tatsächlich, man müsse nur ein paar Personalberater kennen, um sich keine Sorgen hinsichtlich der eigenen beruflichen Zukunft machen zu müssen.

Keine Berufsberater Aber davon kann überhaupt keine Rede sein. Personalberater kümmern sich um ihre Projekte, für die sie von ihren Kunden bezahlt werden, und nicht um Leute, die gerne eine Berufsberatung hätten. Sie möchten auch nicht, dass man ihnen die eigenen Unterlagen unaufgefordert zusendet, sondern das soll ausschließlich im Zusammenhang mit einer ihrer Ausschreibungen geschehen.

Auf der Webseite von Personalberatern finden sich häufig Rubriken, die mit »Jobagent« oder etwas Ähnlichem beschrieben werden. Dort haben Sie die Möglichkeit, Ihre Daten zu hinterlegen oder Ihre Zielposition zu definieren. Sie werden dann per E-Mail über die Ausschreibungen informiert, die für Sie interessant sein könnten.

Nutzen Sie die Jobagenten

Das finden wir nett und praktisch, deshalb rücken wir hier unsere Liste mit den wichtigsten (Nicht-Headhunting-)Personalberatern heraus – wohl wissend, dass wir damit knöcheltief in der Du-Strategie stehen.

- Baumann Unternehmensberatung *(www.baumann-ag.com)*
- Kienbaum Consultants International GmbH *(www.kienbaum.de)*
- Michael Page International *(www.michaelpage.de)*
- Steinbach & Partner GmbH *(www.steinbach-partner.de)*
- Dr. Heimeier & Partner *(www.heimeier.de)*
- IFP Institut für Personalberatung *(www.ifp-online.de)*
- Mercuri Urval GmbH *(www.mercuriurval.com)*
- Dr. Rochus Mummert GmbH *(www.drmummert.de)*
- Dr. Weber & Partner GmbH *(www.dr-weber-partner.de)*
- JBH Herget GmbH *(www.jbh-herget.de)*
- MR Personalberatung GmbH *(www.mr-intersearch.de)*
- Greenwell Gleeson *(www.greenwellgleeson.de)*
- Dr. Maier & Partner *(www.drmaier-partner.de)*
- A & A Dr. Allman & Partner *(www.allmannpb.de)*
- Mentis International GmbH *(www.mentis-consulting.de)*
- Dr. Schmidt & Partner GmbH *(www.drsp.de)*
- Königsteiner Agentur *(www.koeag.de)*
- PMC International *(www.pmci.de)*
- PSP *(www.psp-search.de)*

9. Anschreiben

In der Bewerbungsliteratur kommt dem Anschreiben eine überaus große Bedeutung zu. Beim üblichen Auswahlverfahren, bei dem zig Bewerbungen durchforstet werden müssen, werden die Anschreiben jedoch häufig gar nicht gelesen.

Warum Anschreiben häufig nicht gelesen werden

Vorsortieren Bei der ersten Durchsicht geht es schließlich nicht darum, die besten oder sogar den idealen Kandidaten zu finden, sondern die ungeeigneten auszusortieren. Das ganze Sinnen und Trachten des Bearbeiters ist darauf gerichtet, den Bewerbungsstapel in möglichst kurzer Zeit auf einen Bruchteil der ursprünglichen Höhe zu reduzieren. Das geht am besten, indem er sich zunächst die Daten und Fakten der Bewerber anschaut. Die stehen im Lebenslauf, und falls nicht, dann ist das bereits Grund genug, die Bewerbung auszusortieren. Sprechen die Fakten gegen den Bewerber, dann erübrigt sich die Lektüre des Anschreibens ebenso, weil alles, was dort noch stehen könnte, nichts an den Fakten ändert.

»Perlen« unter den Anschreiben Verzichtet der Adressat also auf die Lektüre der Anschreiben, dann entgehen ihm keine entscheidenden Informationen, wohl aber hochinteressante Exponate der zeitgenössischen Schreibkultur. Reicht das stilistische Spektrum der heute gängigen Anschreiben doch von subtilem Psychokauderwelsch über wuchtiges Imponiergefasel bis hin zu »Tartar von tagesfrischen Anglizismen, serviert an lauwarmer Beratersülze«. Eigentlich schade, dass solche kleinen Sprachkunstwerke kaum gelesen werden. Die Speerspitze ist bei der klassischen Bewerbung also nicht das Anschreiben, sondern der Lebenslauf.

Bei JobSearch verhält es sich genau umgekehrt. Hier hat das Anschreiben die Bedeutung, die ihm bei der klassischen Bewerbung
fälschlicherweise beigemessen wird. Im Anschreiben müssen Sie
mit wenigen prägnanten Sätzen sagen,

**Grundvoraus-
setzungen**

- wer Sie sind,
- was Ihre Zielvorstellung ist und
- welche Aufgabe Sie suchen.

Das klingt einfach, ist es aber nicht.

**JobSearch rückt das gut formulierte, informative
Anschreiben in den Fokus. Um dieses Dokument
optimal vorzubereiten und zu gestalten, braucht es
etwas Zeit und eine gewisse Feinarbeit.**

Was Sie vermeiden sollten

Es lohnt sich, zunächst einen Blick auf die häufigsten gröbsten Fehler zu
werfen, die Ihnen möglichst nicht unterlaufen sollten. Sie werden sich
wundern, was man alles falsch machen kann.

Ein Anschreiben ist kein Lebenslauf

Machen Sie aus Ihrem Anschreiben keinen Lebenslauf in Aufsatzform. Der Empfänger wird sich kaum darüber freuen. Den Lebenslauf in Aufsatzform hat man vor rund 50 Jahren abgeschafft. Sie
machen keine besonders gute Figur, wenn Sie dies immer noch
nicht mitbekommen haben. Daten und Fakten in Tabellenform
lassen sich leichter darstellen, erfassen und wieder auffinden. In
keinem Falle möchte man Lebensläufe zweimal lesen – einmal als
Anschreiben-Lebenslauf und dann noch einmal als Lebenslauf-
Lebenslauf. Das ist vor allem dann sehr ärgerlich, wenn Sie im
Anschreiben Fakten nennen, die im Lebenslauf fehlen. Der Leser
muss sich sein Bild über Sie mühsam aus verschiedenen Quellen
zusammensetzen. Außerdem misslingt dieses Zusammenfügen
der Daten und Fakten aus verschiedenen Quellen häufig. Bewer-

**Dokumente sorg-
fältig trennen**

bungsunterlagen sind nicht selten »Zwischendurch-Lektüre«, die mit verminderter Aufmerksamkeit gelesen wird, beispielsweise während langwieriger Telefonate.

Dritte Seite

Schlecht für den Überblick Verzichten Sie auf eine sogenannte »dritte Seite«, wie sie in manchen Büchern zum Thema Bewerbung empfohlen wird. Man rät Ihnen dort, unter Überschriften wie »Was Sie sonst noch über mich wissen sollten« oder etwas lyrischer »Wie ich wurde, was ich bin« noch etwas Neues und möglichst Originelles über sich preiszugeben. Wir halten dieses zusätzliche Element für groben Unfug. Ob diese Seite als »Zweitanschreiben« gedacht ist oder als »Drittlebenslauf«: Sie splitten Ihre Informationen damit nur noch weiter auf und erschweren es Ihrem Adressaten, den Überblick über Sie und Ihren persönlichen Hintergrund zu bekommen.

Belehrungen

Keine Welterklärungssätze Beginnen Sie Ihr Anschreiben nicht mit einem Statement, mit dem Sie Ihr Weltbild auf eine griffige Formel zu bringen versuchen, nach dem Motto: »Moderne Dienstleistungsunternehmen sind ohne komplexe, vernetzte IT-Systeme nicht überlebensfähig.« An solchen Formulierungen wird erfahrungsgemäß lange herumgefummelt und gefeilt. Was Sie mit solchen Sentenzen erreichen, wird Ihnen am ehesten klar, wenn Sie den Kern Ihrer Aussage noch besser herausarbeiten würden. Ihre Kernaussage lautet nämlich: »Ich bin schlau und du bist doof, deshalb erkläre ich dir jetzt mal was!« Den Satz »Herzlichen Dank für Ihre wertvollen Anregungen; wir werden sie bei unserer nächsten Strategiesitzung in unsere nächste Langfristplanung integrieren« werden Sie in der Absage, die Sie daraufhin bekommen, vergeblich suchen.

Bedeutung von »Teamfähigkeit« Wissen Sie eigentlich, warum in den meisten Stellenanzeigen von Teamfähigkeit die Rede ist, obwohl die beschriebenen Aufgaben gar nicht im Team erledigt werden sollen? Weil fast überall Personen gefragt sind, die kollegial sind – also Menschen, die sich nicht laufend in den Vordergrund drängen und sich bei jeder Gelegenheit als Oberschlaumeier aufspielen. »Teamfähigkeit« ist oft nur eine Chiffre für: »Besserwisser, Schulmeister, Apostel und selbst ernannte Gurus brauchen wir nicht«. Die sind natürlich auch dann unerwünscht, wenn der Begriff »Teamfähigkeit« nicht auftaucht.

Floskeln

Floskeln gehören ebenfalls nicht ins Anschreiben. Dazu gehört beispielsweise die beliebte »Herausforderung«. »Ich suche eine neue Herausforderung«, so heißt es oft. Ein solcher Begriff hat keinerlei Aussagewert, er ist eine reine Luftnummer. Für den einen mag es eine Herausforderung sein, einen Marathon lebend zu überstehen, für den anderen, seinen Hund dazu zu bringen, das Bier aus dem Kühlschrank zu holen. Das Spektrum menschlicher Wünsche und Ziele ist weit gefächert. Niemand kann auch nur ansatzweise wissen, womit Sie hinter dem Ofen hervorzulocken wären. Sie müssen also schon etwas deutlicher artikulieren, worum es Ihnen geht. Wenn sich diese Floskel in Ihrem Anschreiben findet, ist das ein untrügliches Anzeichen dafür, dass Sie Ihre Hausaufgaben noch nicht vollständig gemacht haben.

Herausforderungen sind relativ

Firmenspezifischer Slang

Vermeiden Sie firmenspezifischen »Slang«. Als wir kürzlich mit einem Unternehmer über einen unserer Mandanten sprachen, um Interesse an diesem Mann zu wecken, zitierten wir aus dessen Unterlagen. Dort hieß es: »In meiner heutigen Position bin ich strategisch aufgehängt.« Daraufhin meinte der Unternehmer nur lapidar: »Was soll ich mit jemandem, der aufgehängt wurde?« Damit war die Sache erledigt. Ein Satz hatte gereicht, den Kandidaten zu disqualifizieren.

»Aufgehängte Bewerber«

Ausgelutschte Slogans

Klassisches Beispiel dafür: Die »Win-win-Situation«. Erwähnen Sie solch einen Unsinn nicht in Ihrem wertvollen Anschreiben.

»Win-win-Bla-Bla«

Wir haben keine Ahnung, wer diesen Begriff aufgebracht hat; ein Mensch mit englischer Muttersprache wird es wohl kaum gewesen sein. Dieses »Win-Win« ist gleich doppelt peinlich: wenn man es in den Mund nimmt und wenn man sich vergegenwärtigt, was damit gemeint ist.

Spricht man es mit »deutschem Akzent«, dann klingt es überaus unprofessionell, nach Babysprache oder nach dem falsch ausgesprochenen Titel einer uralten Fernsehsendung über Delfine. Spricht man es englisch aus, dann klingt das immer noch wie Babysprache, aber man sieht dabei auch noch so aus, als wollte man jemanden küssen. Und inhaltlich weiß doch eigentlich jeder, dass damit nicht »eine Hälfte für mich und die andere Hälfte für dich« gemeint ist, sondern doch wohl eher »70 Prozent für mich und 30 Prozent für dich«. Im Sport würde man bei einem 7:3-Ergebnis nicht von »Win-Win« sprechen, sondern davon, dass man seinem Gegner eine »ordentliche Klatsche« verpasst hat.

Doppel-Moppelungen

Hält doppelt besser? Verzichten Sie auf Doppel-Moppelungen. Sie wissen nicht, was das ist? »Weißer Schimmel« ist eine Doppel-Moppelung. Sie wurde uns schon von unseren Deutschlehrern angekreidet, weil »Schimmel« die Bezeichnung für ein weißes Pferd ist, und das macht den Zusatz »weiß« überflüssig. Aber anscheinend hat der Deutschunterricht nichts genutzt, denn solche Doppel-Moppelungen sind beliebter denn je. Beispiel: Vorüberlegungen. Überlegungen stellt man an, be-vor man in Aktion tritt, die Vorsilbe »Vor« ist also überflüssig.

Der Renner aber ist die »Proaktivität«. Aktivität ist gerichtetes Handeln, die Vorsilbe »Pro« sagt also etwas aus, was in dem Wort Aktivität bereits enthalten ist. Das hat der fröhlichen Verwendung dieser Doppel-Moppelung allerdings keinen Abbruch getan. In Wikipedia heißt es: »Während Aktivität nicht zwingend planvoll sein muss, setzt die proaktive Handlung eine antizipative Haltung und szenarienbasierte Vorüberlegungen voraus.« Noch Fragen?

Sprachpanscherei

Sprachpanschereien sind unschöne Mischungen aus gängigen deutschen Begriffen mit zum Beispiel englischen oder amerikanischen Redewendungen. Der derzeitige Spitzenreiter ist die beliebte »Hands-on-Mentalität«. Wir mögen solche Sprachpanschereien eigentlich ganz gerne. Sie geben einen Hinweis darauf, dass ihr Verwender vermutlich nicht nur mit der Fremdsprache, sondern auch mit der eigenen Muttersprache auf Kriegsfuß steht.

Zum Beispiel: Denglisch

Was »Hands-on-Mentalität« bedeutet? Auch hier lässt uns Wikipedia nicht im Stich, dort heißt es: »auch mit Proaktivität beschreibbar«. Sie sehen, es gibt kaum ein Entkommen. Versuchen Sie es bitte trotzdem.

Anmaßungen

»Quod licet Jovi, non licet bovi« heißt es im Lateinischen: »Was Jupiter darf, darf ein Rindvieh noch lange nicht.« Behalten Sie diese drastische Aussage beim Formulieren Ihres Anschreibens bitte gut im Auge. Bei dem »Spiel«, von dem wir hier reden, ist der Bewerber von vornherein immer das »Rindvieh«. Jupiter, das Oberhaupt aller Götter, ist – Sie ahnen es – Ihr Adressat. Wer gegen die Regeln verstößt, ist aus dem Spiel. Hüten Sie sich also davor, sich die Rolle von Jupiter anzumaßen. Urteilen Sie nicht über Dinge, die nicht Sie zu beurteilen haben. Ob Sie der geeignete Kandidat sind, beurteilt und entscheidet Jupiter, nicht Sie. Es ist also wenig sinnvoll zu schreiben »Ich erfülle alle Voraussetzungen« oder, noch schlimmer, »Ich bin sicher, alle Voraussetzungen zu erfüllen«.

Der Adressat ist Jupiter

Anmaßung versteckt sich nicht nur in vollständigen Sätzen, sondern oft genug in Adjektiven oder Attributen. Selbst wenn Sie nur schreiben »Hiermit sende ich Ihnen meine aussagefähigen Unterlagen«, kann das vom Empfänger als Anmaßung verstanden werden. Ob Ihre Unterlagen aussagefähig sind, entscheiden nicht Sie als der Absender. Das tut immer noch der Empfänger.

Jupiter entscheidet Leider zieht sich die Anmaßung durch das gesamte heutige Wirtschaftsdeutsch – bis hin zu den Seminarbescheinigungen und Zeugnissen von Fortbildungsinstituten. Wenn der Teilnehmer irgendetwas mehr oder weniger Wichtiges gelernt hat, heißt es in der Abschlussurkunde oft: »Der Teilnehmer hat wichtige berufliche Schlüsselqualifikationen erworben.« Nicht das Fortbildungsinstitut entscheidet jedoch darüber, was für den nächsten Job wichtig ist, sondern derjenige, der den nächsten Job anbietet, also wiederum »Jupiter«. Achten Sie auf Nuancen, damit Jupiter Ihre Anmaßungen nicht zum Anlass nimmt, Sie zum »Hornochsen« zu machen.

Beweissicherungsverfahren

Glanzlichter Manche Bewerber – in der Regel Du-Strategen – bemühen sich, in ihrem Anschreiben Punkt für Punkt den Beweis zu erbringen, dass sie die im Anzeigentext genannten Anforderungen erfüllen. Das ist nicht ganz abwegig, trotzdem nervt es den Empfänger; denn auch dies ist wieder eine Form der Bevormundung und Anmaßung. Es ist Sache des Empfängers, abzuprüfen, ob die Voraussetzungen des Bewerbers seinen Vorstellungen entsprechen. Das sollte den Du-Strategen und in Grenzen auch den Ich-Strategen jedoch nicht davon abhalten, auf ein paar Glanzlichter seines bisherigen Werdeganges hinzuweisen. Hilfreich für den Leser ist zusätzlich ein Hinweis, an welcher Stelle des Lebenslaufes er mehr dazu erfährt (»Meine zweite Fremdsprache, Französisch, habe ich vor allem während meiner Tätigkeit für das Europaparlament von 2002 bis 2005 anwenden und vertiefen können.«).

Belobigungen

Die Richtung muss stimmen Sie können Ihr Interesse an einem Unternehmen mit dessen Image, mit seinem Marktanteil, seiner Innovationsrate oder anderen positiven Aspekten begründen. Verfallen Sie dabei aber nicht in Schmeichelei oder Lobhudelei. Lob hat immer etwas Gönnerhaftes. Lob wird von oben nach unten erteilt – und oben ist Jupiter. Schmeichelei ist nur peinlich. »Schleimscheißer« sind in der Regel genauso unerwünscht wie Besserwisser.

Selbstbeurteilungen

Aussagen wie »Ich bin teamfähig, kommunikativ und auch sonst ganz toll« sind so heikel und unglaubwürdig wie selbst ausgestellte Zeugnisse. Wessen Aufgabe ist es, Zeugnisse auszustellen und Beurteilungen abzugeben? Ja, Sie wissen schon: Jupiters, diesmal in Gestalt Ihres (ehemaligen) Arbeitgebers. Wenn Sie Selbstaussagen machen, dann wählen Sie eine andere Form, wie beispielsweise »Ich tue dies oder jenes besonders gern« oder »Diese oder jene Aufgabe geht mir ganz besonders gut von der Hand.«

Beschreiben, nicht beurteilen

Schwerpunkt(e)

»Ich bin Leiter Finanz- und Rechnungswesen mit den Schwerpunkten Debitoren, Kreditoren, Anlagenbuchhaltung, G+V, Bilanzen, Steuern.« Aussagen dieser Art liest man häufiger, auch in Zeugnissen. Hätte der Mensch mehrere Schwerpunkte – im ursprünglichen physikalischen Sinne –, er würde durchs Leben torkeln. Das Besondere an dem Wort »Schwerpunkt« ist, dass es immer nur einen einzigen gibt, sowohl physikalisch als auch geometrisch. Deshalb sollte das auch im übertragenen Sinne so bleiben. Es ist nicht besonders gelungen, diesen Begriff im Plural zu verwenden. Außerdem ist es eine gute Gelegenheit, sich einmal über *den* Schwerpunkt Ihrer Arbeit Gedanken zu machen.

Schwerpunkt ist Einzahl

Bauchladen

Bauchläden sind wenig attraktiv. Bieten Sie Ihrem Adressaten viele gleichgewichtige Eigenschaften an, wird er unterstellen, dass Sie entweder nicht wissen, was Sie wollen, oder dass an Ihnen nichts wirklich besonders interessant ist.

Fokussieren Sie sich

Ist ein Teil Ihrer Eigenschaften für einen bestimmten Teil Ihrer Zielgruppe interessant, ein anderer Teil für eine andere, dann schreiben Sie bitte zwei verschiedene Anschreiben mit zwei unterschiedlichen Schwerpunkten. Versuchen Sie niemals, zwei klar unterscheidbare Zielgruppen mit einem einzigen Anschreiben zu »erschlagen«.

Zu viele Kernaussagen

Weniger ist mehr Nichts ist zum Ausleuchten aller Facetten Ihrer Persönlichkeit weniger geeignet als ein Anschreiben, zumal es nicht mehr als eine Seite umfassen soll. Machen Sie also gar nicht erst den Versuch, sich per Anschreiben vollumfassend zu charakterisieren; das funktioniert nicht. Die Zielsetzung Ihres Anschreibens muss sein, Ihrem Adressaten die Lektüre Ihres Lebenslaufs schmackhaft zu machen oder ihn so weit zu informieren, dass er Ihre Unterlagen gezielt an die »richtigen« Leute in seinem Unternehmen weitergeben kann. Das gelingt nicht, wenn Sie ihn mit einem Konvolut von Daten, Fakten und Argumenten überhäufen, sondern indem Sie Ihre Botschaft auf wenige, aber prägnante Kernaussagen kondensieren.

Mit der Spitze aufsetzen Einen Nagel, den man in die Wand schlagen möchte, setzt man mit der Spitze auf, nicht mit dem Kopf. Auf diese Weise möchte man den Nagel mit möglichst wenig Kraftaufwand in die Wand hineinbekommen. Übertragen auf Ihre Botschaft bedeutet das: Greifen Sie sich eine Aussage aus Ihren Kernaussagen heraus und spitzen Sie sie an – zum Beispiel, indem Sie sie zur Schlagzeile Ihres Anschreibens machen. Dafür eignet sich die Betreffzeile. Sie wollen damit nicht die restlichen Aussagen unter den Tisch fallen lassen, sondern diese mit geringerem Aufwand an die Frau oder den Mann bringen.

Ihr Anschreiben kann noch so interessant und faktenreich sein – wenn Sie Ihren Leser durch ein paar unbedachte, aber anmaßende Floskeln gegen sich aufbringen, verspielen Sie das Wohlwollen, mit dem er zunächst an Ihr Schreiben herangegangen ist.

Briefraster für das Anschreiben

Das Anschreiben enthält bestimmte feste Textbestandteile, die Sie zwar variieren, aber nicht einfach weglassen können. Dadurch reduziert sich das Textvolumen, das Ihnen zur freien Formulierung zur Verfügung steht, auf zwei oder drei Absätze von maximal zwei bis drei Sätzen Länge.

Das Anschreiben sollte nicht länger als eine Seite sein. Neben den formalen Teilen wie Absender, Adresse, Datum, Betreffzeile und Anrede gehören in jedes Anschreiben ein paar abschließende Standardzeilen, wie zum Beispiel die folgenden:

Platzproblem

- Bitte entnehmen Sie die Details meines Werdegangs den beigefügten Unterlagen. Gerne sende ich Ihnen bei Bedarf auch meine kompletten Zeugnisse zu. Für Fragen erreichen Sie mich am besten in der Zeit von ... bis ... unter der Telefonnummer ...

- Mein frühester Arbeitsbeginn könnte am ... sein. Bitte geben Sie mir die Gelegenheit zu einem persönlichen Kennenlernen.

Damit bleibt Ihnen recht wenig Raum, um Ihre Kernaussagen zu formulieren.

In einem Anschreiben, in dem man keinerlei Bezug auf vorgegebene Anforderungen nehmen kann und das an eine Firma gerichtet ist, von der man nicht einmal weiß, ob sie überhaupt eine passende Stelle anzubieten hat, wird man natürlich anders vorgehen. Wir schlagen Ihnen für Ihr Anschreiben folgende Struktur vor:

Grundstruktur des Anschreibens

- Erster Absatz: Wer bin ich, was kann ich, wofür stehe ich? (Seite 178)
- Zweiter Absatz: Was ist meine Zielsetzung, was will ich? (Seite 179)
- Dritter Absatz: Welche Position / Aufgabe suche ich? (Seite 180)
- Zusammenfassung und Überschrift dazu = Betreffzeile (Seite 180)

Die wenigen Absätze, die zur freien Formulierung vorgesehen sind, zwingen dazu, jedes Wort auf die Goldwaage zu legen – das ist die Kunst beim Verfassen eines gelungenen Anschreibens.

Vorsicht vor Funktionsbezeichnungen

Wie schon beim Formulieren der eigenen Strategie gilt auch hier: Sie müssen, vor allem im dritten Absatz Ihres Anschreibens, in dem es um die Beschreibung der Wunschposition geht, eine Wahl zwischen den beiden Extremen »total nichtssagend« und »total festgelegt« treffen. Sprechen Sie von einer »neuen Herausforderung«, dann ist das nichtssagend. Nennen Sie hingegen eine exakte Funktionsbezeichnung, kann es gut sein, dass der Empfänger etwas ganz anderes darunter versteht, als Sie gemeint haben. Funktionsbezeichnungen sind ein Tummelplatz für Missverständnisse. Besser und leichter ist es, Sie umschreiben die gewünschte neue Position durch die Aufgabenbestandteile, die Ihnen wichtig sind.

Vorsicht vor hierarchischen Festlegungen

Hüten Sie sich auch vor hierarchischen Festlegungen. Wenn Sie schreiben, »... suche eine Geschäftsführerposition«, dann stempeln Sie sich in den Augen des Empfängers möglicherweise als »titelgeil« oder »statusorientiert« ab. Vermutlich wäre eine gut bezahlte Bereichsleiterposition für Sie mindestens ebenso interessant wie ein ähnlich dotierter Geschäftsführerjob.

Die Kernbotschaft eines JobSearch-Anschreibens darf niemals lauten: Überlege doch einmal, lieber Empfänger, was du mit mir anfangen könntest. Sie lautet vielmehr: Ich sage dir, wofür ich stehe und was ich gerne für dich tun möchte.

Erster Absatz: Wer bin ich, was kann ich?

Beispiele

Hier sagen Sie Ihrem Adressaten, durch welchen Filter er Ihren Lebenslauf betrachten soll, zum Beispiel:

- Wofür ich stehe
- Was der »rote Faden« in meinem bisherigen Werdegang ist

- Wo ich fachlich / branchenmäßig zu Hause bin
- Was meine Botschaft ist
- Weshalb ich diese oder jene Fachrichtung gewählt habe
- Warum ich dieses oder jenes Studienfach gewählt habe, nun aber etwas ganz anderes mache
- Weshalb ich den letzten Job angenommen habe; mit welchen Vorstellungen das verbunden war

Formulierungsmöglichkeiten:

- »Was aus meinem Lebenslauf nicht unbedingt ablesbar ist: Es war mit stets wichtig, …«
- »Mein ursprüngliches Ziel war … dann habe ich … für mich entdeckt«
- »Ich habe dieses oder jenes gemacht, weil …«
- »Was mich an meinem / n bisherigen Job(s) am meisten fasziniert …«
- »Am besten kann ich mit … und … umgehen«
- »Besonders gut kann ich …«
- »Wenn es darum geht, dieses … oder jenes … zu bewerkstelligen, macht mir niemand etwas vor«

Zweiter Absatz: Meine Zielsetzung

Hier sagen Sie dem Adressaten, wie er sich die Fortsetzung Ihres Lebenslaufs vorstellen soll, also zum Beispiel:

- Ich möchte mehr.
- Ich möchte weniger.
- Ich möchte etwas anderes.
- Ich möchte an etwas anknüpfen, was ich früher schon mal gemacht habe.
- Ich möchte das, was ich bereits in früheren Positionen gemacht habe, in einer neuen Aufgabe bündeln.
- Ich möchte mich stärker spezialisieren / fokussieren.
- Ich möchte mein Know-how verbreitern.
- Ich möchte mehr Umsatz-, Mitarbeiter- oder …-Verantwortung übernehmen.

- Ich möchte mehr Vielfalt.
- Ich möchte eine andere Gewichtung der bisherigen Aufgaben.
- Ich möchte eine andere Zusammensetzung der bisherigen Aufgaben.
- Ich möchte das, was ich bisher gemacht habe, in einem anderen Bereich / Personenkreis anwenden.
- Ich möchte mich stärker in Richtung … entwickeln.

Dritter Absatz: Gesuchte Position, Aufgabe, Verantwortung

Hier schildern Sie die Bestandteile einer zukünftigen Aufgabe und formulieren das beispielsweise so:

- Eine neue Aufgabe passt gut zu mir, wenn sie folgende Bestandteile enthält: …
- Meine zukünftige Aufgabe sollte die Chance bieten, mich in diese oder jene Richtung zu entwickeln.
- Die Wunschposition wäre in Richtung … orientiert, sollte aber auch folgende Aspekte … beinhalten.
- Ich würde gerne die Verantwortung für … und … übernehmen.
- Ideal wäre dies und jenes, es käme aber auch eine Aufgabe infrage, die …
- In der idealen Aufgabe sollten die Gewichte auf … und … liegen.

Last, but not least: die Betreffzeile

Die Betreffzeile am Schluss

Die Betreffzeile formulieren Sie am besten erst, wenn der Text Ihres Anschreibens steht. Sie ist sozusagen die Überschrift zu dem Stellengesuch, das Sie mit Ihrem Anschreiben formuliert haben, und gleichzeitig die Zusammenfassung des Anschreibentextes. Reden Sie nicht lange um den heißen Brei herum – machen Sie eine klare Ansage!

Hier einige Beispiele:

- Initiativbewerbung:
  Internationale Vertriebsaufgabe – Asien
- Initiativbewerbung:
  Key-Account-Management im Premiumsegment
- Initiativbewerbung:
  General-Management mit Schwerpunkt Technik *Vertrieb*
- Initiativbewerbung:
  Länderübergreifendes IT-Management
- Initiativbewerbung:
  Projekt- oder Programmverantwortung Neue Medien
- Initiativbewerbung:
  Service- und Support-Leitung Mechatronik
- Initiativbewerbung:
  Senior-Consultant Fertigungs- und Vertriebslogistik

Wenn Sie aus einem bestehenden Angestelltenverhältnis heraus auf die Suche nach einer neuen Aufgabe gehen, müssen Sie – zumindest ansatzweise – begründen, warum Sie sich verändern wollen. Auch wenn Ihrem Wechsel ganz eindeutig ein »Weg-von-« oder sogar ein »Nichts-wie-weg«-Motiv zugrunde liegen sollte, lassen Sie nichts davon an die Oberfläche dringen. In diesem Punkt sollten Sie ganz Du-Stratege sein: Die Motivation, die Sie im Anschreiben äußern, sollte immer eine »Hin-Motivation« sein.

Früherer oder aktueller Job

Wenn der Job, aus dem heraus Sie sich bewerben, erkennbar ein Flop ist, müssen Sie das zwar nicht verschweigen, sollten dafür aber eine diplomatische Formulierung finden, zum Beispiel (sinngemäß): »Ich hatte mit diesem beruflichen Schritt eine Zielvorstellung verbunden, die sich leider nicht im erwünschten Umfang realisieren ließ; dennoch möchte ich die Erfahrung, die ich dabei machen konnte, nicht missen.«

10. Lebenslauf

Im Lebenslauf sollten alle wichtigen Informationen über Sie zu finden sein. Seinen Zweck erfüllt dieses Dokument aber nur, wenn es wirklich gelesen wird. Um das sicherzustellen, sollten Sie auch am Layout feilen.

Ein Wort zuvor

Langer Atem Eine JobSearch-Kampagne kann ausschließlich schriftlich erfolgen, man kann sie aber auch mündlich vorbereiten. Das sollte man aber nur tun, wenn man wirklich Telefon- oder Verkaufsprofi ist. Wer so etwas noch nie gemacht hat, wird das möglicherweise als schwere Strafe empfinden. Oft werden Sie pro Zielperson sechs bis sieben »Anläufe« benötigen, ehe Sie sie telefonisch erreicht haben. Wenn Sie 80 bis 100 Zielfirmen und Zielpersonen auf Ihrer Liste haben, ahnen Sie, was da auf Sie zukommt.

Telefonate sind heikel Wir bieten solche Telefonate als Bestandteil unseres JobSearch-Service an und wissen daher, wie heikel sie sind. Wenn Sie dann im entscheidenden Moment nicht ganz bei der Sache sind und Ihrer Zielperson irgendwelchen Unsinn erzählen, ist die Chance unwiederbringlich vertan. Da wäre ein Brief dann wirklich die bessere Alternative gewesen. Deshalb empfehlen wir für »Selbstfahrer« grundsätzlich die schriftliche Form der Kontaktaufnahme.

E-Mails sind minderwertig Was immer Sie im Rahmen Ihrer Werbekampagne versenden wollen, schicken Sie es nicht per E-Mail. E-Mails sind schnell weggeklickt – beabsichtigt oder unbeabsichtigt. Sie werden gefiltert, grobmaschig oder feinmaschig; selbst wenn Sie eine Eingangsbestätigung anfordern, ist das keine Garantie dafür, dass

Ihre E-Mail vom Empfänger tatsächlich gelesen wird. Manche Firmen lassen aus Sicherheitsgründen keine Anhänge zu, und manche E-Mail-Software geht nicht besonders professionell mit ihnen um – Gründe genug also, die E-Mail als Mittel der Wahl auszuschließen.

Auch CDs oder DVDs sind als Medium nicht zu empfehlen. Es gibt Firmen – Sie werden es kaum glauben –, die schweißen die CD-Laufwerke ihrer Rechner zu. Sie möchten auf diese Weise den Mitarbeitern eine Möglichkeit des Missbrauchs nehmen beziehungsweise so auch noch das letzte Einfallstor für mögliche Sabotageangriffe verriegeln.

CDs, DVDs & Co.: eher nicht

Eine Webseite mit den eigenen Daten, zu der man seinem Adressaten durch ein Passwort Zugang verschafft, kommt aus unserer Sicht auch nicht infrage. Die wenigsten Menschen lesen textlastige Informationen gerne am Computer, und die wenigsten Menschen lesen einen Lebenslauf oder einen Werbeprospekt sukzessive, also Seite für Seite wie einen spannenden Roman. Den Lesegewohnheiten kommt es weitaus mehr entgegen, zuerst nach den relevanten Daten oder K.-o.-Kriterien zu suchen. Der Leser möchte in den Unterlagen hin und her springen, und genau das funktioniert bei den meisten Bewerbungswebseiten (noch) nicht so. Außerdem lassen sich viele Webseiteninhalte bei Weitem nicht so einfach ausdrucken, wie sich die Webseiten-Bastler das vorstellen. Also Hände weg davon.

Eigene Webseite?

Es gibt viele Möglichkeiten der Kontaktaufnahme zu den ermittelten Zielfirmen, einige von ihnen haben aber so manche Tücken. Um diese zu umgehen, ist die klassische Form, der Brief zusammen mit dem Lebenslauf, unsere Empfehlung.

Ihre Botschaft sollte in einem persönlichen Brief enthalten sein und in Papierform auf dem Schreibtisch Ihres Adressaten landen. Diese Form kann einfach nicht so leicht ignoriert werden. Per Brief können Sie auch heute noch jeden Menschen – vom Vorstandsvorsitzenden bis zum Papst – kontaktieren, ohne als unhöflich oder aufdringlich zu gelten. Ob der Papst der richtige Ansprechpartner ist und ob Sie mit Ihrem Brief bei ihm das er-

Schreiben Sie einen Brief

reichen, was Sie erreichen wollten, ist dann allerdings wieder ein anderes Thema.

Wenn Sie vor einiger Zeit Ihren Job verloren haben und sich momentan als »unfreiwilliger« Selbstständiger durchs Leben schlagen, dann kommt vielleicht auch eine Freelancer-Tätigkeit für Sie infrage. In diesem Fall sind »klassische Bewerbungsunterlagen« sicherlich nicht das passende Instrument, um sich ins Gespräch zu bringen. Hier könnte der »Flyer« (oder eine Werbebroschüre) eine Alternative sein. Ein solcher Flyer lässt sich schnell und preiswert drucken und kann mit einem Begleitbrief in einem ganz normalen DIN-lang-Kuvert verschickt werden. Aber auch wenn man darin nicht sehr viel Text unterbringen kann und sollte: Unterschätzen Sie nicht die Zeit, die es braucht, einen solchen Flyer zu erstellen und auszufeilen.

Allen anderen empfehlen wir, einen Lebenslauf ohne Zeugnisse zu verschicken, in einer Mappe, die keine Bewerbungsmappe ist. Hinweise dazu geben wir Ihnen am Ende dieses Kapitels ab Seite 202.

Gestaltung und Layout

Lebensläufe sind wie Landkarten: Sie geben Teile der Realität in verkleinertem Maßstab wieder, und sie greifen bestimmte Aspekte der Realität heraus, während sie andere vernachlässigen. Eine Straßenkarte stellt vor allem die Verkehrsverbindungen dar, eine Touristenkarte die Sehenswürdigkeiten, und die Karte der Bodenschätze zeigt auf, welche »Schätze« unter der Oberfläche darauf warten, erschlossen zu werden.

Die Wahl zwischen Einzeichnen und Weglassen ist zuweilen schwierig, wie man sowohl an Landkarten als auch an Lebensläufen nachvollziehen kann. Wer einen anschaulichen und informativen Lebenslauf anfertigen möchte, sollte sich erstens darüber im Klaren sein, was seinen Leser interessieren könnte. Zweitens sollte er wissen, welche Art von Orientierung er geben möchte. Je zahlreicher die Aspekte sind, die in der Karte berücksichtigt werden sollen, desto unübersichtlicher wird sie, sodass möglicherweise genau das verloren geht, was sie eigentlich bieten soll: die Orientierung.

Lebensläufe sind für den Leser am interessantesten, wenn sie eine Entwicklung aufzeigen. Bei manchen Personen entwickelt sich über die Jahre zum Beispiel das fachliche Know-how, bei jemand anderem die Umsatz- oder Budgetverantwortung, bei einem Dritten die Personalverantwortung, bei einem Vierten die Auslandserfahrung und bei einem Fünften all dies parallel zueinander. Und es ist natürlich gut, wenn dies für den Leser ersichtlich wird. Der Fünfte wird vermutlich die größten Schwierigkeiten haben, die verschiedenen »Entwicklungslinien« herauszuarbeiten, ohne dabei die Orientierung aufs Spiel zu setzen.

Eine Entwicklung erkennen lassen

Wenn jemand überwiegend in Projekten arbeitet, kann das die Darstellung zusätzlich erschweren. Er muss im Lebenslauf neben der Sach-, Fach- und Führungsverantwortung auch noch Art und Umfang der Projekte umreißen. DV-Projekte sind dabei noch einmal ein Spezialfall, weil dabei jeweils spezifische Software zum Einsatz kommt, die benannt und charakterisiert werden will.

Projektdarstellung

In solch komplizierten Situationen hilft nur eins: »Spezialkarten« für bestimmte Einzelaspekte anfertigen, also zum Beispiel die Spezialkarte »Hard- und Software-Know-how« bei IT-Menschen. Im konkreten Fall bedeutet das: ein separates Blatt, auf dem übersichtlich alle Hard- und Softwarekenntnisse zusammengefasst sind, sodass bei der Darstellung des beruflichen Werdeganges Stichworte zur eingesetzten Software ausreichen und auf Details verzichtet werden kann.

»Spezialkarten« anfertigen

Vorstellbar ist auch die Spezialkarte »Projekte«. Auch diese sollte möglichst nur eine Seite umfassen, auf der die wesentlichen Projekte mit ihren Eckdaten genannt werden, sodass diese Details bei der Darstellung der beruflichen Stationen weggelassen werden können.

Bei einer solchen »Auslagerung« von Informationen können Sie die Akzente ganz nach Belieben setzen. So kann man zum Beispiel in der Zusammenfassung der Projekte das Investitionsvo-

Setzen Sie Akzente

IT-Kenntnisse

Server/PC-Systeme:	IBM und kompatible Systeme
Server/PC-Software:	Windows XP
	Windows NT/2000
	MS Exchange
	MS Proxy Server
	MS Office
	Novell
Host-Systeme:	IBM AS/400
	IBM/38
	IBM/36
	IBM/34
Host-Software:	Warenwirtschaftssystem »FIFO«
	Routenoptimierung »LOGO«
	Hochregallager-Steuerung und Rechneranbindung
	Einkaufs- und Dispo-Paket »EKDI«
Programmiersprachen:	CLP
	Cobol
	RPG/400
	C++
HTML	XML
	Dreamweaver

So kann eine Spezialkarte für die IT-Kenntnisse aussehen.

lumen und die Art der Applikation darstellen, während man im beruflichen Werdegang organisatorische Aspekte herausarbeitet oder den wachsenden Mitarbeiterumfang herausstreicht. Natürlich ist auch jede andere Form der Aufteilung denkbar. Eine bis zwei »Sonderkarten« von jeweils maximal einer Seite werden die meisten Leser von Lebensläufen sicher als Entlastung empfinden.

Eine Spezialkarte, die offenbar amerikanischen Gepflogenheiten entlehnt ist und auch bei uns immer mehr Verbreitung findet, ist das sogenannte »Qualifikationsprofil«. Wir »hassen« diese Art von Informationsdarstellung, weil wir sie als Augenwischerei empfinden. Solche Qualifikationsprofile sind wie Landkarten, denen der Maßstab verloren gegangen ist. Da werden Tätigkeiten und Tätigkeitsfelder nicht anhand der Zeitachse dargestellt, sondern nach Sachgebieten. Der »Trick« bei dieser Darstellungsform: Tätigkeiten, die nur kurzzeitig oder vor langer Zeit ausgeübt wurden, stehen nun mehr oder weniger gleichberechtigt und gleichgewichtig neben Tätigkeiten, die aktuellen Datums sind und/oder über längere Zeit hinweg ausgeübt wurden. Das ist so, als würde man in einem Abschlusszeugnis verschiedene Fremdsprachennoten nebeneinandersetzen, ohne darauf hinzuweisen, dass es sich in dem einen Fall um einen Leistungskurs der Oberstufe und im anderen Fall um ein freiwilliges Zusatzangebot aus der Zeit der Unterstufe gehandelt hat.

Qualifikationsprofile täuschen

Die Botschaft eines solchen Profils lautet offenbar: »Guck mal, wie vielseitig ich bin.« Das ist Du-Strategie pur und in unseren Augen kein Profil, sondern Kuddelmuddel. Die Botschaft »Kann alles« kommt bestimmt an, jedoch mit dem Zusatz »aber nichts richtig«!

Die Gefahr, einen Lebenslauf mit Daten und Fakten zu überfrachten, ist groß, insbesondere bei Führungskräften. Durch das »Auslagern« von Informationen, beispielsweise in eine Projektliste oder eine Übersicht über alle Hard- und Softwarekenntnisse, kann man dieser Gefahr begegnen.

Mit Ihrem Lebenslauf möchten Sie erstens nachweisen, dass Sie das, was Sie im Anschreiben zu können behaupten, tatsächlich können. Zweitens möchten Sie belegen, dass Sie für das, was Sie zukünftig tun wollen, die erforderlichen Voraussetzungen besitzen. Um sicherzustellen, dass Ihr Lebenslauf diese Aufgaben erfüllt, müssen Sie dafür Sorge tragen, dass er tatsächlich gelesen wird.

Zielsetzung für den Lebenslauf

Natürlicher Lesereflex

Die meisten Büromenschen und Kopfarbeiter verfügen glücklicherweise über eine Art Lesereflex: Sie beginnen unwillkürlich zu lesen, sobald eine beliebige Zeichenfolge in ihr Blickfeld rückt – also noch bevor das Gehirn entschieden hat, dass gelesen werden soll. Möglicherweise kennen Sie es aus eigenem Erleben, wie schwer es ist, die auf dem Frühstückstisch liegende Morgenzeitung zu ignorieren und parallel dazu Interesse an einem Dialog mit dem Ehe- oder Lebenspartner zu heucheln. Umso erstaunlicher ist es, dass die Verfasser von Lebensläufen doch immer wieder Möglichkeiten finden, diesen Lesereflex bei ihrem Adressaten zuverlässig zu unterbinden. Das Mittel der Wahl ist nicht in erster Linie der Inhalt, sondern die Art, wie dieser dargeboten wird: durch vermurkstes Layout und misslungene Typografie.

Tücken der Schreibprogramme

Über Jahrhunderte hinweg haben Generationen von Buchdruckern tausend kleine Hilfestellungen und Tricks entwickelt, um dem menschlichen Auge die Aufnahme eines gedruckten Textes so leicht und eingängig wie möglich zu machen. Einem Mann namens Bill Gates, der unter anderem durch den Verkauf einer Krankheit namens »Microsoft WORD« ein Vermögen erworben hat, ist es innerhalb weniger Jahre gelungen, das meiste davon zunichtezumachen. Wir möchten trotzdem versuchen, Sie vor den gröbsten »Layout-Schnitzern« zu bewahren.

Textmenge

Kommen Sie bitte nicht auf die Idee, so viel Text wie möglich auf eine Seite zu packen. Die Zeit, die Ihr Adressat zum Lesen benötigt, hängt in erster Linie von der Textmenge und in zweiter Linie von der Seitenzahl ab. Es ist aber nicht so, dass sich wenige Seiten schneller lesen ließen als viele – das Gegenteil ist richtig: Wenn Sie eine gegebene Textmenge großzügig über mehrere Seiten verteilen, lässt sie sich weitaus besser lesen, als würden Sie sie auf wenigen Seiten oder sogar nur einem einzigen Blatt zusammenquetschen. Komprimieren Sie Ihren Text also nicht zu sehr.

Zeilendurchschuss

Probieren Sie aus, wie sich die Lesbarkeit verbessert, wenn Sie den Zeilendurchschuss, also den Abstand der Zeilen, erhöhen. Mit einem 1,2- bis 1,3-fachen Zeilenabstand haben Sie schon eine ganze Menge für die Lesbarkeit getan. Lassen Sie außerdem genügend Abstand zwischen den einzelnen Kapiteln – das erleichtert die Orientierung in Ihrem Lebenslauf ganz ungemein.

Wenn Sie eine Mappe mit einem breiten Heftmechanismus verwenden (wovon wir eigentlich abraten), dann sollten Sie darauf achten, dass der linke Rand breit genug ist, damit später nicht Ihr Text vom Heftmechanismus der Mappe verdeckt wird. Den Rand einer Zeugniskopie kann man ändern, indem man das Original leicht versetzt auf den Kopierer legt. Wirklich befriedigend ist diese Vorgehensweise jedoch nicht.

Linker Rand

Angenommen Sie setzen sich über unsere Empfehlungen hinweg und benötigen tatsächlich einen breiteren linken Rand, etwa 3,5 Zentimeter. Kein Problem. Holen Sie sich den verloren gegangenen Zentimeter am rechten Rand Ihres Blattes zurück: Reduzieren Sie den in den meisten Fällen auf 2,5 oder 2 Zentimeter voreingestellten rechten Rand auf 1,5 oder sogar nur 1 Zentimeter.

Rechter Rand

Ein rechter Rand von 1 Zentimeter Breite sieht nur dann noch einigermaßen passabel aus, wenn Sie den sogenannten Flattersatz (linksbündig) verwenden. Beim Blocksatz wirkt dieser schmale Rand nicht besonders ausgewogen. Das Blatt sieht möglicherweise aus, als würde es kippen oder als wäre es schräg eingeheftet. Vom Blocksatz raten wir ohnehin ab. Dabei sorgt der Computer durch unterschiedliche Abstände zwischen den Zeichen dafür, dass alle Zeilen gleich breit sind. Das sieht nicht nur scheußlich aus, es mindert auch die Lesbarkeit. Blocksatz sollten Sie dem professionellen Drucker oder Typografen überlassen, aber nicht dem Computer; das gilt auch für das Anschreiben. Flattersatz wirkt besser und – in Briefen – auch persönlicher. Die Möglichkeit, Texte rechtsbündig zu schreiben, sollten Sie ganz meiden. Rechtsbündig geschriebener Text ist bei Schriften, die von links nach rechts gelesen werden, schwer lesbar, weil das Auge Mühe hat, beim Zeilensprung den Anfang der nächsten Zeile zu finden.

Flattersatz statt Blocksatz

Die gewohnte Groß- und Kleinschreibung ist besser lesbar als Schrift nur in Großbuchstaben (Versalien). Nicht unterstrichene Textpassagen sind ebenfalls besser lesbar als unterstrichene. Das hängt damit zusammen, dass die gängigen Computer-Textprogramme den Unterstrich auch durch die Unterlängen der Buchstaben (g, j, p, q und y) hindurchziehen – eine typografische »Todsünde«, die auch beim Scannen Ihrer Unterlagen die Fehlerrate deutlich erhöht. Meiden Sie also Unterstreichungen.

Keine VERSALIEN, keine Unterstreichungen

Keine *Kursivschrift* Auch Kursivschriften sind im Computerbereich nicht besonders »raffiniert«. Im Buch- und Zeitungsdruck sind Kursivschriften ein separater »Schriftschnitt«, also gewissermaßen eine eigenständige Schrift; bei den meisten Computerschriften wird kursiv jedoch einfach durch das Schrägstellen der Standardschrift erzeugt. Entsprechend abschreckend ist das Ergebnis.

Drei Schrift-variationen maximal Zur optischen Gliederung stehen Ihnen, abgesehen von der Tabellenform, verschiedene Möglichkeiten zur Verfügung: Sie können die Schriften variieren, also verschiedene Schrifttypen in Ihrem Dokument mischen. Sie können die Schriftgröße variieren. Sie können die Schriftauszeichnung verändern (z.B. mager, fett, unterstrichen, kursiv) und sogar Kombinationen daraus verwenden. Theoretisch hätten Sie auch noch die Möglichkeit, die Farbe der Schrift zu variieren. Aber all das sollten Sie besser lassen, denn das kann Ihre Bemühungen um bessere Lesbarkeit konterkarieren. Am besten halten Sie sich an die alte Druckerregel: in einem Dokument möglichst nicht mehr als drei dieser Variationsmöglichkeiten nutzen.

Garamond Eine Schrift, die auch in der Computerversion eine eigene Kursivschrift hat, ist die »Garamond« – wir möchten sie Ihnen deshalb wärmstens ans Herz legen. Die Schrift wurde bereits im sechzehnten Jahrhundert entwickelt und hat bis heute nichts von ihrer Aktualität eingebüßt. Bei Verwendung der Garamond können Sie sich auf Normalschrift, Fettschrift und Kursivschrift beschränken und werden trotzdem eine gute optische Gliederung Ihres Dokumentes erzielen. Allerdings wirkt die Kursivschrift kleiner als die Normalschrift, Sie müssen deshalb möglicherweise die Schrifthöhe um einen Punkt erhöhen (dann sollten Sie allerdings die Kursivschrift nicht mit der Normalschrift mischen, weil dadurch die Zeilenhöhe verändert wird).

Der sparsame Umgang mit den vielfältigen Möglichkeiten des eigenen Schreibprogramms hat zum Ergebnis, dass die erstellten Unterlagen, Anschreiben und Lebenslauf, einen seriösen und klaren Eindruck machen. Das sollte das Ziel Ihrer Bemühungen sein.

Bei der Überlegung, welche Schrift Sie einsetzen wollen, müssen Sie berücksichtigen, wie Sie Ihr Dokument weiterverwenden wollen. Drucken Sie das Dokument aus, um es in Papierform zu versenden, können Sie auch exotische Schrifttypen verwenden, also Schrifttypen, die Microsoft-Office nicht kennt. Solange Ihr Drucker in der Lage ist, diese Schrift so zu drucken, wie Sie es haben möchten, ist das völlig in Ordnung. Wandeln Sie Ihr Dokument in ein PDF-Dokument um, dann können Sie vor dem Versand ausprobieren, wie Ihre PDF-Software mit der Schrifttype umgeht. Sie können kontrollieren, was mit Ihrem Dokument bei der Umwandlung passiert.

Weiterverarbeitung?

Heikel wird es, wenn Sie Ihr Dokument elektronisch als Word-Datei weitergeben wollen. Verwenden Sie eine Schrift, die Ihr Adressat nicht auf seinem Rechner installiert hat, dann wird diese durch eine andere, bei ihm installierte Schrift ersetzt. Das Ergebnis kann verheerend sein. Möglicherweise gerät dadurch Ihr gesamtes Layout aus den Fugen, und Ihr Lebenslauf sieht aus, als wären die Hühner darüber gelaufen. Vermeiden können Sie das, indem Sie Ihre Schrifttype in das Dokument einbetten. Es muss dann allerdings eine Truetype-Schriftart sein. Um zu erfahren, wie man das macht, müssten Sie bitte die Bedienungsanleitung Ihrer Text-Software zurate ziehen; das Verfahren kann je nach Version recht unterschiedlich sein.

Der elektronische Versand

Das Prinzip einer Tabelle und zugleich der Grund für die Beliebtheit der tabellarischen Darstellung liegt darin, dass sich in jeder Spalte gleichartige Inhalte finden. Das erleichtert die Aufnahme und das Wiederauffinden von Informationen ganz ungemein. Wenn Sie in eine Spalte jedoch Informationen unterschiedlicher Kategorien zusammenpacken, unterlaufen Sie das Prinzip einer Tabelle und geben diesen Vorteil wieder auf. Das ist zum Beispiel der Fall, wenn Sie das Datum beziehungsweise den Zeitraum einer Tätigkeit in dieselbe Spalte setzen wie die Beschreibung der Tätigkeit. Setzen Sie Zeitangaben möglichst immer in die linke, schmalere Spalte, damit wird die Zeitachse Ihrer persönlichen Entwicklung klar erkennbar. Außerdem kommt diese Form der Darstellung den Lesegewohnheiten der meisten Empfänger entgegen. Die Beschreibung der jeweiligen Stationen kommt dann in die breitere, rechte Spalte (siehe das Lebenslaufmuster auf Seite 194ff.).

Einsatz von Tabellen

Wir raten Ihnen, Ihr Textdokument von vornherein als Tabelle anzulegen, ohne allerdings die Tabellenrahmen mit auszudrucken. Sie können sich damit die Formatierung Ihres Dokumentes wesentlich erleichtern.

Umgang mit Kapitelüberschriften Durch die Kapitelüberschriften wird das Prinzip »Keine Vermischung der Inhalte pro Spalte« natürlich durchbrochen. Das aber lässt sich kaum vermeiden. Sie sollten Ihr Dokument jedoch nicht durch zu viele Kapitelüberschriften völlig fragmentieren. Sie müssen nicht für jeden Sachverhalt ein neues Kapitel eröffnen. Es ist zum Beispiel sinnvoller, alle Ausbildungsstationen in einem einzigen Kapitel zusammenzufassen, als daraus drei oder mehr Abschnitte mit eigenen Überschriften zu machen. So wird der Lesefluss nicht gestört. Schreiben Sie einfach nur »Ausbildung« anstelle der Unterteilung nach »Schulausbildung«, »Berufsausbildung« und »Studium«.

Das Datum Sorgen Sie auch für eine einheitliche, übersichtliche Schreibweise der Datumsangaben. Tagesangaben sind unangebracht und erschweren das schnelle Erfassen der Zeitangaben ebenso wie ausgeschriebene Monate, die wegen der unterschiedlichen Wortlängen der Monatsbezeichnungen zu einem sehr uneinheitlichen Schriftbild führen. Verwenden Sie also besser Zahlenangaben für die Monate. Trennen Sie die Monate durch einen Punkt oder durch Schrägstriche von den Jahresangaben. Halten Sie ein Prinzip bei den Datumsangaben ein.

Gesamtzeitraum/ Einzelstationen Wenn Sie mehrere Stationen in einem Unternehmen oder in einem Konzern durchlaufen haben, sollten Sie dem (oberflächlichen) Eindruck entgegenwirken, dass Sie häufig gewechselt haben. Nennen Sie zunächst den Gesamtzeitraum Ihrer Firmenzugehörigkeit, rücken Sie dann die Datumsangaben zu den einzelnen Stationen ein.

Schreibbüros Möglicherweise haben Sie bereits jetzt genug von den Themen Layout und Typografie und suchen nach dem Notausgang oder zumindest nach einer Abkürzung. Eine solche gibt es tatsächlich: Bitten Sie ein Schreibbüro, Ihre Unterlagen für Sie zu erstellen. Wenn Sie bisher wenig mit Textverarbeitung zu tun hatten, ist das sogar dringend anzuraten, denn mit den eigentlichen Tücken von Word sind Sie bis hierher noch gar nicht in Berührung gekommen. Wenn Sie sich erst mit Tabulatoren, Einrückungen und ähnlichen sadistischen Raffinessen einer Textsoftware auseinandersetzen müssen, werden Sie manchmal verzweifeln.

Der Inhalt

Durch die Vorbereitung mithilfe der JobSearch-Strategie wissen Sie, was in Ihren Lebenslauf gehört und was nicht. Überlegen Sie für jede Bewerbung neu, was relevant ist, und bringen Sie die wichtigen Informationen im Lebenslauf unter.

Versuchen Sie, das richtige Maß zwischen Übersichtlichkeit und Ausführlichkeit zu finden. Das ist gar nicht so einfach. Verfasst man den Lebenslauf kurz und prägnant, um Übersichtlichkeit sicherzustellen, bleiben viele Informationen auf der Strecke; schreibt man ausführlich, um wichtige Informationen nicht unter den Tisch fallen zu lassen, kann schnell der Überblick verloren gehen. Dieses Dilemma wird noch durch die Ungewissheit darüber verschärft, was der Empfänger will und was nicht. Machen Sie sich eines klar: Was der Empfänger will, können Sie nicht wissen – er weiß es nämlich selbst nicht, jedenfalls nicht, bevor er mit dem Lesen begonnen hat. Wie er auf Ihren Lebenslauf reagiert, kann von vielen Faktoren abhängen:

Das richtige Maß finden

- Stößt er auf einen Firmennamen, den er nicht kennt, werden ein paar Stichworte zur Größe, zum Produktspektrum oder zum Abnehmerkreis des Unternehmens sehr hilfreich für ihn sein; kennt er das Unternehmen hingegen gut, sind solche Angaben für ihn überflüssig.

- Verbindet er mit der Bezeichnung Ihrer Position in einem bestimmten Unternehmen eine klare Vorstellung, erübrigen sich für ihn möglicherweise zusätzliche Angaben zu Ihrem Aufgabenspektrum; ist Ihre Positionsbezeichnung für ihn nichtssagend, wird ihm erst durch weitere Erläuterungen ausreichend klar werden, worin Ihre Tätigkeit bestand.

Lebenslauf

Foto

Persönliche Daten

Name	Herbert Kaufmann
Adresse	Waldallee 227
	65189 Wiesbaden
	Mobil 0162 50 53 506
	E-Mail: herbert@kaufmann.de
Geburtsdatum	19. September 1955
Geburtsort	Wuppertal
Familienstand	verheiratet, 2 Kinder (19 + 21 J.)
Nationalität	Deutsch

Unser Musterlebenslauf, der alle wichtigen Elemente enthält

Beruflicher Werdegang

05/1978 – 08/1978 Klangvoll GmbH, Niederberg
Inhabergeführtes Familienunternehmen, 250 Mitarbeiter
Entwicklung, Herstellung und Vertrieb von Flügeln und Pianos

Produktionsingenieur
Zeitlich begrenzte Tätigkeit in einem Projektteam junger Ingenieure
- Entwicklung eines neuen Produktionsverfahrens für den Flügelkorpus
- Produktionskosten des Flügelkorpus um 40% gesenkt

09/1978 – 10/1991 Rolfshagen & Huber GmbH, Delmenhorst
Konzernzugehöriges Unternehmen im Maschinen- und Anlagenbau,
180 Mitarbeiter; Entwicklung, Produktion und Vertrieb von
Filterpressen und Filtrationsanlagen

09/78 – 09/80 *Laboringenieur Verfahrenstechnik und Auslegungsversuche*
Auslegungsversuche, verfahrenstechnische Entwicklung

10/80 – 08/83 *Leiter Verfahrenstechnik*
Verfahrenstechnische Verantwortung für Anlagenkonzeption und
-abwicklung sowie für verfahrenstechnische Entwicklungen
- Entwicklung neues Membranplattensystem
- Entwicklung Polymer-Dosierverfahren

09/83 – 11/85 *Vertriebsingenieur Maschinen- und Anlagenbau*
Projektierung, Verkauf und Abwicklung von Anlagenaufträgen bis
ca. 5 Mio. €
- Erschließung neuer Märkte und neuer Kunden, vorwiegend in
  Osteuropa
- Größter Auftrag der Firmengeschichte (8 Mio. €)

12/85 – 10/91 *Vertriebsleiter*
Aufbau neuer regionaler Märkte in Asien, Südamerika und
Osteuropa, Verantwortung für Tochtergesellschaften
- Aufbau von 16 Vertretungen in Asien, Südamerika und Osteuropa
- 20% des Firmenumsatzes aus neuen Märkten und neuen
  Anwendungen
- Exportanteil des Unternehmens von 34 auf 53% ausgebaut
- Teilproduktion in Australien aufgebaut

12/1991 – 06/2000 **Howard & Harms-Gruppe, Detroit, Michigan, USA**
1997 Übernahme durch die US-Machine-Gruppe
2000 Übernahme durch französische Vasalis

12/91 – 11/95 **Howard & Harms GmbH, Wuppertal**
Geschäftsführer der neu gegründeten Gesellschaft
10 Mitarbeiter; 5 Mio. € Umsatz
Projektierung, Vertrieb, Bau und Inbetriebnahme von
Filterpressen, Filtrations- und Schlammentwässerungsanlagen
• Unternehmen nach Gründung fest im Markt etabliert
• Innerhalb weniger Jahre Marktführer in Deutschland

12/95 – 11/97 **Howard & Harms Ltd., London, Großbritannien**
Maschinen- und Anlagenbau, ca. 200 Mitarbeiter
Entwicklung, Produktion und Vertrieb von Filterpressen,
Filtrations- und Schlammentwässerungsanlagen

Geschäftsführer
der englischen Muttergesellschaft in England, 30 Mio. € Umsatz
Weiterhin zusätzlich als Geschäftsführer verantwortlich für die
deutsche Gesellschaft
• Reorganisation mit 12 % Kostensenkung
• Produktbereinigung, modulare Konstruktion und Fertigung
• Einführung Projektmanagement
• Umsatzsteigerung
• Verdoppelung ROS

12/97 – 06/00 **US-Machine, Detroit, Michigan, USA**
Amerikanischer Konzern im Bereich Wasser und Abwasser,
80.000 Mitarbeiter

General Manager
Produktgruppe »Waste & Potable Water Deutschland«, bestehend
aus vier deutschen Unternehmen, Gesamtumsatz 50 Mio. €
Geschäftsführer DFG Howard & Harms GmbH
General Manager Osteuropäische Tochterunternehmen
• Integration verschiedener Bereiche in Vertrieb und Service
• Restrukturierung und Zusammenlegung überdeckender
  Produktionen

- Integration zweier Unternehmen der Gruppe
- Akquisition eines weiteren Unternehmens
- ROS + 20%

2000 Übernahme durch die französische Vasilis
Mischkonzern, 250.000 Mitarbeiter
- Strukturierung der osteuropäischen Konzernaktivitäten
- Neues Marketingkonzept

10/2000 – heute **Napoleon Chemie**
Französischer Konzern im Bereich Farben, Chemie und Pharma,
30.000 Mitarbeiter

10/00 – 07/03 *Geschäftsführer*
der Standorte Reutlingen, Bensheim und Rodenkirchen,
Mitglied des Aufsichtsrates,
verantwortlich für die Pulverlackaktivitäten des Konzerns in
Reutlingen und Bensheim, 250 Mitarbeiter, 70 Mio. € Umsatz
- Integration des Managementteams der beiden Standorte
- Neuorganisation der Vertriebsaktivitäten
- Strategische Neuausrichtung der beiden Standorte
- ROS + 40%
- ROI verdoppelt
- Marktanteile von 21 auf 29% gesteigert
- Produktionseffizienz am Standort Bensheim um > 50% gesteigert
- Senkung der operativen Kosten um > 2 Mio. €

07/03 – heute Zusätzliche Verantwortung als
Cluster Manager
»North & Central Europe«, 300 Mitarbeiter, 100 Mio. € Umsatz

Zusätzliche Marketingverantwortung für Europa im
Automobilsegment
Zusätzliche Verantwortung für »Engineering« innerhalb Europas
- Regionale Marktausweitung in Osteuropa und Mitteleuropa
  durch Aufbau von Vertriebsgesellschaften
- Einführung »Benchmarking« für alle europäischen
  Produktionsstätten
- Entwicklung Acryltechnologie und Bau einer zusätzlichen
  Produktionsstätte

Ausbildung

1962 – 1974	**Schulische Ausbildung**
	Grundschule
	Gymnasium
	Fachoberschule
	Abschluss: Fachhochschulreife

| 1972 – 1974 | **Stadtwerke Wuppertal** |
| | *Ausbildung zum Maschinenschlosser* |

1974 – 1978	**Bergische Universität Wuppertal**
	Studium Maschinenbau
	Abschluss als »Diplom-Ingenieur« Maschinenbau

Fortbildung

Verhandeln mit Chinesen
Rhetorik
Stroud Methodology (Effizienzsteigerung)
Führung durch Moderation
Ganzheitliche Unternehmensführung

Fremdsprachen

Englisch: verhandlungssicher
Tschechisch: gute Grundkenntnisse
Spanisch: Grundkenntnisse

Hobbys

Porträtzeichnungen
Boxen (nur Training)
Handwerkliche Arbeiten
Kochen

Wiesbaden, 2. Februar 2008

- Steht eine Ihrer beruflichen Stationen in engem Zusammenhang mit der Aufgabe, die er für Sie ins Auge fassen würde, werden ihn die Details dieser Aufgabe mehr interessieren als Ihre sonstigen bisherigen Berufsstationen.

Stellen Sie sicher, dass Ihr Adressat Ihren Lebenslauf versteht, indem Sie ihm diese Angaben liefern, er kann ja darüber hinweglesen.

Es gibt keine absolut wasserdichte Methode, die Erwartungen und Wünsche des Adressaten vollständig zu erfüllen. Wir raten Ihnen, sich an unserem Muster zu orientieren. Es hat sich bewährt und ist an die Form angelehnt, in der Headhunter ihren Kunden die Kandidaten schriftlich präsentieren.

Erläutern Sie Ihre Aufgaben kurz und prägnant. Schreiben Sie diese Erläuterungen keinesfalls in Fließtext hintereinander weg, sondern gliedern Sie sie durch vorangestellte Punkte oder Spiegelstriche – für jeden neuen Sachverhalt eine neue Zeile. Formulieren Sie Ihre Erläuterungen nicht in vollständigen Sätzen, sondern im Telegrammstil.

Die Aufgabenbeschreibung

Das Layout unseres Musters lässt dem Leser die Wahl, ob er sich nur mit dem Grundgerüst Ihrer beruflichen Entwicklung auseinandersetzen will oder ob er sich nur bei einzelnen Stationen die Details anschauen möchte.

Ob Sie Ihren Lebenslauf von heute an rückwärts (retrograd) oder in umgekehrter Reihenfolge (progressiv) darstellen, ist völlig egal, zumindest für den deutschen Leser. Machen Sie die Entscheidung, welche Form Sie für sich wählen, von Kriterien der Zweckmäßigkeit abhängig. Sind Sie gerade arbeitslos geworden, war Ihre letzte oder vorletzte Anstellung nicht von Erfolg gekrönt oder sind die letzten Stationen nicht prototypisch für das, was davorlag, sollten Sie die letzten Tätigkeiten und Arbeitgeber nicht an den Anfang Ihrer Darstellung setzen. Die einmal gewählte Form wenden Sie auch auf die Darstellung aller anderen Kapitel an.

Retrograd oder chronologisch

Größe einer Nachricht

Die Form Ihrer Darstellung kann starken Einfluss auf den Inhalt haben: »Auch die Größe einer Nachricht ist eine Nachricht«, heißt es bei den Zeitungsleuten. Eine Nachricht, die groß herausgestellt wird, bekommt mehr Gewicht und Bedeutung als das sprichwörtliche »Kleingedruckte« oder die möglichst unauffällig gehaltene Gegendarstellung. Ähnlich verhält es sich mit der Platzierung und Größe der Textblöcke im Lebenslauf.

Ein Beispiel: Sie stellen eine Position, die Sie nur ein paar Monate innehatten, doppelt so ausführlich dar wie eine andere Position, die Sie viele Jahre bekleidet haben. Dann gewinnt Ihr »Kurzgastspiel« gegenüber der langjährigen Position erheblich an Gewicht, und der Leser wird ihr unwillkürlich mehr Bedeutung beimessen, als ihr möglicherweise zukommt. Handeln Sie einen wichtigen Berufsabschnitt in nur wenigen Zeilen ab und setzen Sie diese wenigen Zeilen auch noch an das untere Ende einer Seite, dann dürfen Sie sich nicht wundern, wenn Ihr Adressat diesem Teil Ihres Berufslebens wenig Wert beimisst. Sie haben es selbst in der Hand, die Akzente richtig zu setzen beziehungsweise die richtigen Akzente zu setzen.

Akzente durch Gestaltung

Nehmen Sie für die Gestaltung Ihres Lebenslaufes deshalb auch nicht die erste Seite oder ein Deckblatt zum Ausgangspunkt, sondern überlegen Sie zunächst, welche Teile Sie in den Fokus Ihres Lesers rücken wollen. Probieren Sie aus, wie sich durch Vor- und Zurückschieben des gesamten Textes die Highlights Ihres Werdeganges über die Seiten verteilen – dank des Computers sind solche Experimente heute ja kein Problem. So finden Sie (hoffentlich) eine Seitenaufteilung, bei der all das, was Sie in den Vordergrund gerückt wissen wollen, optimal zur Geltung kommt.

Experimentieren Sie

In vielen Fällen wird es sich als optimal erweisen, die Kapitel »Beruflicher Werdegang« und »Ausbildung« jeweils auf einem neuen Blatt beginnen zu lassen. Es kann sich aber bei Ihrem Experiment auch eine ganz andere Blattaufteilung als sinnvoll herausstellen. So könnten Sie zum Beispiel das Kapitel »Beruflicher Werdegang« auf der Mitte des Blattes oder sogar im unteren Drittel der Seite beginnen. Schließen Sie solche Lösungen nicht von vornherein aus. Die Darstellung des beruflichen Geschehens sollte jedenfalls Vorrang vor allen anderen Überlegungen haben.

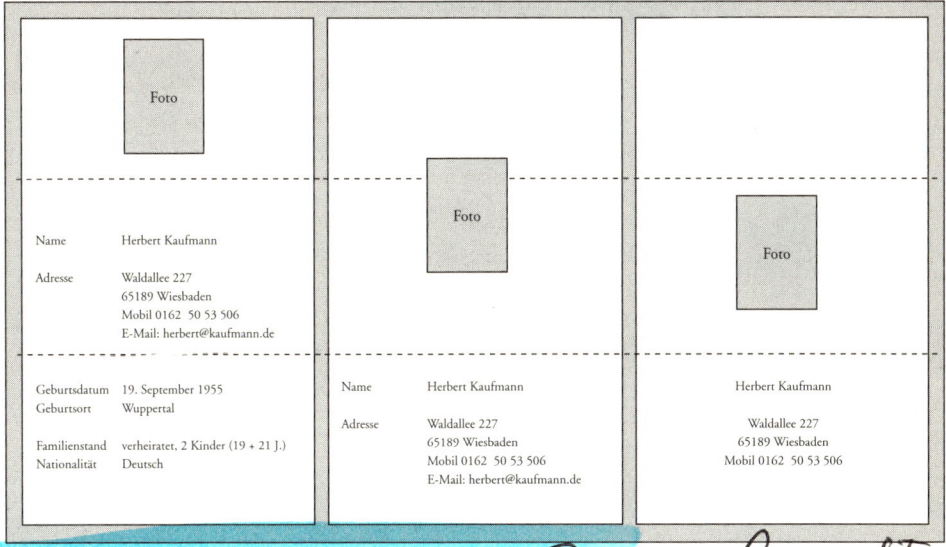

Drei Variationen für die Präsentation Ihrer persönlichen Daten

Was dann als Folge Ihrer Hin- und Herschieberei mit dem Kapitel **Persönliche Daten**
»Persönliche Daten« passiert, ist im Grunde nebensächlich. Im
Prinzip läuft es ja ohnehin immer auf eine der drei Varianten hin-
aus. Und jede dieser Varianten ist letztlich gleich akzeptabel.

Lassen Sie alle Elemente weg, die dem Leser keine Information
bieten: Deckblätter sind genauso überflüssig wie Inhaltsverzeich-
nisse.

**Das homogene Zusammenspiel inhaltlicher und
gestalterischer Elemente sollte beim Verfassen des
Lebenslaufes stets berücksichtigt werden.**

Verpackung und Aussendung

Fast fertig! Auch beim letzten Schritt sollten Sie gut überlegen, wie Sie Ihre wertvollen Unterlagen attraktiv verpacken können. Hier gilt die Devise: Weniger ist oft mehr.

Keine Bewerbungsmappe

Für Ihren Lebenslauf benötigen Sie eine Verpackung. Wenn Sie eine typische Bewerbungsmappe verwenden, werden Sie damit zum Bewerber (Du-Strategie). Wir raten besonders von den dreiteiligen Mappen ab. Wenn Sie Ihre Unterlagen im Rahmen einer Direct-Mail-Kampagne schicken, sind Sie stattdessen Anbieter einer Dienstleistung (Ich-Strategie). Typische Bewerbungsmappen sollten also für Sie tabu sein.

Einfach und handlich

Die Verpackung darf und soll ganz einfach sein. Sie müssen keinen großen Aufwand betreiben. Wir haben uns von unserem Drucker simple weiße Kartonmappen mit Folien-Vorderseite und eingeklebter Heftlasche anfertigen lassen – einfacher geht's nicht, sieht aber trotzdem sauber aus. Preis pro Stück: geringfügig über einem Euro. Aber die Mindestabnahme liegt bei 1500 Stück – für uns genau richtig, für Sie aber vermutlich problematisch. Es gibt aber auch Anbieter, die ähnliche Mappen in 100er-Einheiten anbieten. Fragen Sie Ihren Haus- und Hof-Drucker. Wenn Sie im Internet nach Mappenanbietern suchen, werden Sie von dem Riesenangebot erschlagen. Man erkennt bei diesen Angeboten oft auch nicht so genau, was konkret angeboten wird. Knallbunte Schnellhefter aus schlabberigem Plastikmaterial sollten übrigens für Sie tabu sein.

Spiralbindung als Alternative

Eine brauchbare Alternative wäre es, Ihren Lebenslauf per Spiralbindung zusammenzuhalten – dabei könnten Sie auf eine Mappe verzichten und würden stattdessen einen leichten Karton als Unterseite und eine Folie als Oberseite verwenden. Wenn die Oberseite durchsichtig ist, erkennt jeder sofort, um welche Art von Unterlagen es sich handelt. Die Plastikspiralen gibt es mit einem Mindestdurchmesser von 5 Millimetern. Die »Maschinen« zu diesem Bindesystem sind mittlerweile für knapp 100,– Euro zu haben. Verwenden Sie nicht das Drahtbindesystem. Wenn die Drahtspirale auf dem Postweg zusammengedrückt oder verschoben wird, ist das Öffnen der Unterlagen mitunter schwierig.

Eine dritte Variante wäre noch die Verwendung von Klemmschie- **Klemmschienen**
nen, die allerdings in der Normalausführung ziemlich billig wirken. Mittlerweile gibt es auch zweifarbige Klemmschienen, die
sich gut eignen. Wenn Sie Klemmschienen und für die Rückseite
Karton und als Deckblatt Folie verwenden, sollten Sie darauf achten, dass die Folie »genutet« ist, sonst lässt sich Ihre Mappe nur
schwer öffnen und klappt immer wieder von alleine zu. Das wäre
für den Leser äußerst lästig.

Wenn Sie gar keine Lust haben, sich mit der Verpackung zu **Komplettlösung**
beschäftigen, gehen Sie zu einem Schreibbüro oder zu einem
Schnelldruck-/Repro-Service und lassen sich zeigen, was sie Ihnen anzubieten haben. Da ist mit einiger Sicherheit etwas Passendes dabei.

**Die Verpackung ist nur eine Verpackung, sie sollte schlicht
und angemessen sein, jedes Mehr ist ein Zuviel.**

Machen Sie Ihre Aussendung möglichst kompakt – also nicht **Aussendung**
schubweise und zeitversetzt. Wenn man ein erstes Vertragsan-
gebot bekommt, bevor man abschätzen kann, wie die anderen
Zielfirmen reagieren, fällt die Entscheidung für oder gegen das
Angebot unnötig schwer.

Ein Wort zum Schluss

**Aktivieren Sie
Ihren Autopiloten**

Wenn Sie sich, lieber Leser, mit unserer Idee von der Ich-Strategie angefreundet haben und sich dazu entschließen, den verdeckten Stellenmarkt zu knacken, wartet viel Arbeit auf Sie. Daraus wollen wir keinen Hehl machen. Aber selbst wenn Ihnen zwischendurch einmal die Puste ausgehen sollte, so ist das kein Problem, Sie können den Faden jederzeit wieder aufgreifen.

Von der Zeit, die Sie in sich selbst und Ihre »Selbsterkenntnis« investieren, wird keine einzige Minute umsonst sein, das versprechen wir Ihnen. Den Kompass für Ihre berufliche Zukunft finden Sie nicht außerhalb Ihrer selbst, Sie tragen ihn in sich. Sie haben einen Autopiloten. Sie müssen sich mit seiner Funktion auseinandersetzen und Sie müssen ihn dann auch einschalten. Allerdings wird es Ihnen nur mithilfe Ihrer Mitmenschen gelingen, den entsprechenden Schalter zu finden.

Die Zeit »danach«

Wir begleiten viele Menschen bei der Entwicklung ihrer Strategie und bei der Umsetzung ihrer Kampagne. Wenn Sie Ihre wertvollen Unterlagen abgeschickt haben, werden Sie sich vielleicht fragen: Und was kommt jetzt?

Machen Sie sich darauf gefasst, dass Ihnen die Wartezeit unmittelbar nach der Aussendung lang werden könnte; in der Regel vergehen mindestens drei bis vier Wochen, ehe sich abzeichnet, ob Ihre Kampagne »anschlägt«. Alle Mutmaßungen und Überlegungen, die Sie über den Erfolg oder Nichterfolg anstellen, sind in dieser Phase reine Spekulation.

Waren Sie während der Vorbereitungszeit gut beschäftigt, so haben Sie unmittelbar nach der Aussendung nichts mehr zu tun. Sie können eigentlich nur abwarten, und das fällt aktiven Menschen erfahrungsgemäß besonders schwer. Der beste Rat, den wir Ihnen für diese Phase geben können: Machen Sie zwei Wochen Urlaub. Das wird Sie von der Warterei ablenken. Fahren Sie aber nicht weit weg, sodass Sie die Reise jederzeit kurzfristig unterbrechen können – man weiß ja nie!

Wir wünschen Ihnen viel Erfolg!

Literatur

Buckingham, Marcus / Clifton, Donald O.: *Entdecken Sie Ihre Stärken jetzt!*, Campus Verlag, Frankfurt am Main, 2001.

Bolles, Richard Nelson: *Durchstarten zum Traumjob*, 7. Auflage, Campus Verlag, Frankfurt am Main, 2002.

Fuchs, Helmut / Huber, Andreas: *Die 16 Lebensmotive*, 3. Auflage, Deutscher Taschenbuch Verlag, München, 2005.

Gardner, Howard: *Intelligenzen*, Klett-Cotta, Stuttgart, 2002.

Goleman, Daniel: *Emotionale Intelligenz*, Carl Hanser Verlag, München, Wien, 1996.

Gulder, Angelika: *Finde den Job, der Dich glücklich macht*, Campus Verlag, Frankfurt am Main, 2004.

Reiss, Steven: *Who am I?*, The Berkley Publishing Group, New York, 2000.

Schimmel-Schloo, Martina / Seiwert, Lothar J. / Wagner, Hardy: *PersönlichkeitsModelle*, Gabal Verlag, Offenbach, 2002.

Schuler, Heinz: *Psychologische Personalauswahl*, 3., unveränderte Auflage, Hogrefe-Verlag, Göttingen, 2000.

Seiwert, Lothar J. / Gay, Friedbert: *Das 1x1 der Persönlichkeit*, 5. Auflage, Gabal Verlag, Offenbach, 1999.

Seminarunterlagen der Reiss Profile Germany GmbH.

Thommen, Jean-Paul / Achleitner, Ann-Kristin: *Allgemeine Betriebswirtschaftslehre*, 5. Auflage, Gabler Verlag, Wiesbaden, 2006.

Stichwortverzeichnis

Über die Autoren

Hans Rainer Vogel studierte Betriebswirtschaftslehre an den Universitäten Münster und Saarbrücken. Seine erste berufliche Station führte ihn zur Stinnes AG nach Mühlheim a. d. Ruhr. 1978 begann er im Research der Personalberatung Beck, Feix & Graeser in Düsseldorf; es folgten Stationen als Personalberater und Headhunter bei Neumann International, der Berndtson-Gruppe, den Eurosearch Consultants und Knight Wendling Executive Search.

Dr. Daniel Detambel studierte an der Jesuitenhochschule Frankfurt a. M. Philosophie und Theologie und promovierte an der PTH Benediktbeuern. Seit 1997 arbeitet er als Managertrainer und Berater (Rhetorik, Selbstmarketing, Auftritt) und in der Outplacement- und Karriereberatung. Als Moderator ist er für landes- und bundesweite Rundfunkprogramme tätig.

Seit 2000 leiten Dipl.-Kfm. Hans Rainer Vogel und Dr. Daniel Detambel als geschäftsführende Gesellschafter das Unternehmen *Vogel & Detambel job'search* in Wiesbaden.

www.vogel-detambel.de

GABAL

Business-Bücher für Erfolg und Karriere

Walter Simon
GABALs großer Methodenkoffer Grundlagen der Arbeitsorganisation

GABALs großer Methoden-
koffer Arbeitsorganisation
306 Seiten
ISBN 978-3-89749-454-1

Walter Simon
GABALs großer Methodenkoffer Managementtechniken

GABALs großer Methoden-
koffer Managementtechniken
336 Seiten
ISBN 978-3-89749-504-3

Walter Simon
GABALs großer Methodenkoffer Führung und Zusammenarbeit

Methodenkoffer Führung
und Zusammenarbeit
368 Seiten
ISBN 978-3-89749-587-6

Walter Simon
GABALs großer Methodenkoffer Persönlichkeitsentwicklung

Methodenkoffer
Persönlichkeitsentwicklung
344 Seiten
ISBN 978-3-89749-672-9

Susanne Klein
Wenn die anderen das Problem sind Konfliktmanagement Konfliktcoaching Konfliktmediation

Wenn die anderen das
Problem sind
218 Seiten
ISBN 978-3-89749-586-9

Dagmar Kohlmann-Scheerer
Kontern – aber wie? Gekonnt kontern – frech parieren

Kontern – aber wie?
136 Seiten
ISBN 978-3-89749-182-3

Marion Recknagel
Heike Rohmann-van Wüllen
Clever kommunizieren Schwierige Gespräche souverän meistern

Clever kommunizieren
176 Seiten
ISBN 978-3-89749-734-4

Annette Kessler
Small Talk von A bis Z 150 Fragen und Antworten Mit Illustrationen von Timo Wuerz

Small Talk von A bis Z
168 Seiten
ISBN 978-3-89749-673-6

Hartmut Laufer
Vertrauen und Führung So bauen Sie vertrauensvolle Mitarbeiterbeziehungen auf

Vertrauen und Führung
162 Seiten
ISBN 978-3-89749-670-5

Anne Katrin Matyssek
Führungsfaktor Gesundheit So bleiben Führungskräfte und Mitarbeiter gesund

Führungsfaktor Gesundheit
160 Seiten
ISBN 978-3-89749-732-0

Bernhard Haas
Bettina von Troschke
Beschwerdemanagement Aus Beschwerden Verkaufserfolge machen

Beschwerdemanagement
184 Seiten
ISBN 978-3-89749-733-7

Tomas Bohinc
Projektmanagement Soft Skills für Projektleiter

Projektmanagement
208 Seiten
ISBN 978-3-89749-629-3

Informationen über weitere Titel unseres Verlagsprogrammes erhalten Sie in Ihrer Buchhandlung, unter **info@gabal-verlag.de** oder **www.gabal-shop.de.**

7-065

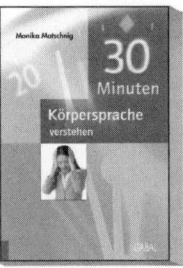